广东森林质量精准提升
理论与实践

龙永彬　何波祥　张苏峻　吴琼辉　薛春泉 ▣ 主编

图书在版编目(CIP)数据

广东森林质量精准提升理论与实践 / 龙永彬等主编. --
北京：中国林业出版社, 2024.9. -- ISBN 978-7-5219-
2854-9

Ⅰ. F326.276.5

中国国家版本馆 CIP 数据核字第 2024YB5810 号

责任编辑：于界芬　张　健

出版发行：中国林业出版社

（100009，北京市西城区刘海胡同 7 号，电话 83143542）

电子邮箱：cfphzbs@163.com

网址：www.cfph.net

印刷：北京博海升彩色印刷有限公司

版次：2024 年 9 月第 1 版

印次：2024 年 9 月第 1 次印刷

开本：787mm×1092mm　1/16

印张：9.75

字数：200 千字

定价：148.00 元

《广东森林质量精准提升理论与实践》编委会

主　编　龙永彬　何波祥　张苏峻　吴琼辉　薛春泉

副主编　陈红锋　陈红跃　杨沅志　许　涵　杨佐兵
　　　　　梁东成

编写人员（按姓氏笔画排序）

丁　敏　王文涛　勾　啸　方天松　方建波
邓海燕　卢雅莉　付　琳　付海真　尧　俊
伍国清　刘子玥　刘周全　刘菊秀　李　伟
李　兵　李亚丽　李艳朋　杨加志　杨诗敏
连辉明　吴俩铵　邱　权　何　茜　汪迎利
张　贝　张　杰　张　谦　陈一群　陈杰连
陈衍如　陈黄礼　范忠才　林丽平　易绮斐
钟泳林　段　涛　侯　晨　骆金初　黄少辉
梅　盛　葛成灿　谢佩吾　蓝燕群　詹庆红
蔡燕灵　谭文雄　谭志权　熊咏梅

序

　　森林是陆地生态系统的主体和人类文明的摇篮，是集水库、粮库、钱库、碳库于一身的大宝库，对维护国家生态安全、推进生态文明建设具有基础性、战略性的作用，林草兴则生态兴。党的十八大以来，以习近平同志为核心的党中央把生态文明建设摆在全局工作的突出位置，全面推进美丽中国建设，加快推进人与自然和谐共生的现代化。党中央指出，森林关系国家生态安全，要着力提高森林质量，坚持保护优先、自然修复为主，坚持数量和质量并重、质量优先；要牢固树立绿水青山就是金山银山理念，重视改善森林的组成、结构、功能，实施森林质量精准提升工程，着力提高森林质量与效益，充分发挥森林多种功能，构建健康稳定优质高效的森林生态系统。习近平总书记深情牵挂广东的山山水水和父老乡亲，多次亲临视察，谆谆教导广东有能力把生态文明建设搞得更好，殷切寄语广东要在推进中国式现代化建设中走在前列。

　　广东省委、省政府认真贯彻落实习近平总书记重要讲话和重要批示指示精神，着眼于全面推进人与自然和谐共生的现代化建设，中共广东省委十三届二次全会审议通过了《关于深入推进绿美广东生态建设的决定》，启动实施以森林质量精准提升为重点的"六大行动"，奋力打造人与自然和谐共生的中国式现代化广东样板。决定出台以来，省委、省政府把提升森林质量作为绿美广东生态建设最基础、最关键的工作来落实，作为增强森林生态系统服务功能的重要举措来推进，系统谋划、整体推进、全面发力，聚焦以绿为美、增绿提质，全方位推进多种树、种好树、管好树，通过科学优化树种结构，持续改善林相、提升林分质量，稳步提升森林生态系统多样性、稳定性和持续性，努力走出新时代绿水青山就是金山银山的广东路径。

广东是林业大省，水热条件好，森林类型多样，乡土树种丰富，营造培育高质量的森林具有得天独厚的自然禀赋的优势。改革开放以来，广东相继开展消灭宜林荒山、建设林业生态省、新一轮绿化广东等生态建设行动，林业生态建设成就斐然，全省森林资源总量大幅提高，森林生态安全体系基本建立，生态环境质量显著提高，为绿美广东生态建设打下了坚实的基础。然而，从建设生态文明的全局高度和推动高质量发展的现实需求来看，当前广东林业发展正处在提质量上水平的关键时期，森林资源还存在质量不高、结构不优、景观不美等问题，成为制约广东生态文明建设的重要瓶颈，迫切需要在森林质量这个最大变量和最大增量上持续发力，以提升森林生态系统质量和效益，带动广东林业高质量发展，提升绿美广东生态建设水平，支撑广东经济社会高质量发展。

提高森林质量是一项复杂系统工程，不是简单的种树和抚育，需要遵循生态系统内在机理与演替规律，科学运用自然恢复和人工修复两种手段，从森林培育的全过程发力，树立目标导向，抓住关键环节，科学绿化、分类施策、群策群力、久久为功。从各地前期的实践来看，很多地方对提高森林质量的认识还不准确，还一定程度停留在"增绿"的惯性思维，对"提质"系统性思考不够，尤其对"提哪里""提什么""怎么精准提""要提成什么样"等关键问题了解掌握不全面、不系统、不透彻，因此，编撰出版《广东森林质量精准提升理论与实践》显得十分必要。该书通过较为全面的理论研究、广泛的外业调查、凝练的经验做法，系统阐述了森林质量精准提升的基础理论和关键技术，融科学性、实用性、指导性于一体，通俗易懂，相信该书的出版对精准提升广东省森林质量发挥重要的指导作用。

借为该书作序之机，愿森林质量精准提升科学实施，增资源提质量，绿美广东生态建设全面推进，美好蓝图得以实现。让我们共携手、齐努力，以绿美广东生态建设为战略牵引，全面推进广东生态文明建设，厚植广东亮丽的生态底色，打造人与自然和谐共生现代化的广东样板，为建设秀美南粤和美丽中国发挥广东山水禀赋、展现广东林业担当、作出广东生态贡献。

2024 年 9 月

前　言

广东是全国光、热、水以及种质资源和生物多样性最丰富的地区之一，优渥的自然条件和丰富多样的生物群落为构建高品质森林生态系统提供了良好的基础。在打造人与自然和谐共生的现代化广东样板中，统筹自然恢复和人工修复两种手段，积极发挥森林经营主体的主观能动性，遵循森林群落演替规律，科学开展林分改造、森林抚育和封山育林等提质增效活动，让广东河山锦绣，让广东的父老乡亲安享好山好水好风光，是我们林业工作者和科研人员的光荣使命。

为贯彻落实党的二十大精神和省委决策部署，科学实施森林质量精准提升行动，广东省林业局组织专家团队系统收集整理了森林质量提升方面的理论文献，深入分析了国内外提升森林质量的研究成果和发展趋势，广泛开展了样地调查监测，充分总结了广东多年来开展典型立地森林培育的基础和经验，并通过反复总结、提炼、筛选，整理编辑形成了《广东森林质量精准提升理论与实践》一书。

本书共分6章21节，第一章介绍广东主要森林植被类型与特征，包括地带性植被群落、人工林植被群落、典型风水林三类，提炼出广东森林主要建群树种；第二章概括森林质量提升的内涵和理论基础，讲述国内外森林质量提升研究进展，介绍广东林业发展概况；第三章从自然地理条件、社会经济条件、森林资源条件、广东森林存在的主要问题、广东森林质量精准提升目标任务等五个方面分析了广东森林质量精准提升基础条件；第四章讲述森林质量精准提升技术，包括林分优化提升技术和森林抚育提升技术；第五章介绍森林质量精准提升典型技术模式，包括造林更新、退化林修复、森林抚育典型技术模式；第六章阐述了广东中亚热带、南亚热带、热带北缘的天然林以及人工林的森林典型目标林分；书后还附有《广东省森林质量精准提升行动方案（2023—2035年）》《广东省森林质量精准提升行动技术指南》《林木良种壮苗培育和轻基质育苗技术》。

本书的顺利出版，得益于广东省委、省政府对绿美广东生态建设的高度重视和科学部署，得益于各级林业工作者对广东林业发展的执着追求和辛勤付出，得益于广大林业经营单位和从业者对提升广东森林质量的实践探索和总结完善。在此，对所有关心广东森林质量精准提升工作的有关领导，所有支持本书出版的相关人员，所有参与本书编写或提供资料图片的专家学者、基层一线工作人员、广大森林培育从业人员表示崇高的敬意和衷心的感谢。

本书文字简洁、图文并茂，理论性、操作性强，力图给读者直观、感性的认识，达到了解、运用的目的，以期为各地开展森林质量精准提升行动提供指导，主要供绿美广东生态建设的决策者、林业主管部门生态修复工作的管理者、森林质量精准提升行动的实施者使用，也可为林业企业、林农、绿化工作者、森林生态爱好者和相关专业人士提供参考。

参加编写本书或提供资料的专家、学者均从事林业科研、管理或森林生态修复工作数年乃至数十年，具有丰富的理论和实践经验。参与编写的主要单位包括中国科学院华南植物园、中国林业科学研究院热带林业研究所、广东省林业局生态修复处、广东省林业科学研究院、广东省林业调查规划院、广东省森林资源保育中心，最后由广东省林业科学研究院负责统稿。但由于编写时间仓促，加之水平有限，书中难免有疏漏错误之处，恳请专家同行批评指正。

编者

2024年9月

目 录

序
前 言

第一章 广东主要森林植被类型与特征
第一节 地带性植被类型 …………………………………………………………… 1
第二节 人工林植被类型 …………………………………………………………… 4
第三节 典型风水林类型 …………………………………………………………… 7
第四节 广东森林主要建群树种 ………………………………………………… 15

第二章 国内外森林质量提升研究进展
第一节 森林质量提升的内涵和理论基础 ……………………………………… 24
第二节 国外森林质量提升 ……………………………………………………… 28
第三节 国内森林质量提升 ……………………………………………………… 30
第四节 广东林业发展概况 ……………………………………………………… 35

第三章 广东森林质量精准提升基础条件
第一节 自然地理条件 …………………………………………………………… 38
第二节 社会经济条件 …………………………………………………………… 41
第三节 森林资源条件 …………………………………………………………… 41
第四节 广东森林存在的主要问题 ……………………………………………… 44
第五节 广东森林质量精准提升目标任务 ……………………………………… 46

第四章　森林质量精准提升技术
  第一节　林分优化提升技术 ································· 48
  第二节　森林抚育提升技术 ································· 54

第五章　森林质量精准提升典型技术模式
  第一节　造林更新典型技术模式 ····························· 58
  第二节　退化林修复典型技术模式 ··························· 61
  第三节　森林抚育典型技术模式 ····························· 69

第六章　广东森林质量精准提升目标林分
  第一节　广东中亚热带森林质量精准提升目标林分 ············· 76
  第二节　广东南亚热带森林质量精准提升目标林分 ············· 84
  第三节　广东热带北缘森林质量精准提升目标林分 ············· 96

参考文献 ··· 101
附录Ⅰ　广东省森林质量精准提升行动方案（2023—2035年）······ 106
附录Ⅱ　广东省森林质量精准提升行动技术指南 ················ 114
附录Ⅲ　林木良种壮苗培育和轻基质育苗技术 ·················· 137

第一章
广东主要森林植被类型与特征

广东地跨中亚热带、南亚热带和北热带，温暖湿润的气候条件加之复杂的地貌，奠定了繁茂的植被基础（朱华，2018）。但在长期人类活动的影响下，广东森林表现出原生森林类型逐渐减少，次生植被类型和人工植被类型不断增加的特征。基于中国植被的分类原则，结合群落的物种组成、外貌、结构和生境特征等，并参考相关历史文献资料，广东主要森林植被类型包括常绿阔叶林、常绿落叶阔叶混交林、针阔混交林、针叶林、竹林、灌丛、稀树草坡和人工植被等（广东省植物研究所，1976；广东省科学院丘陵山区综合科学考察队，1991；陈永富等，2020）。

第一节 地带性植被类型

地带性植被是指在特定地理区域内因气候和土壤等自然条件相对稳定而形成的植被类型，综合反映了所在区域的气候特点和生态地理空间（刘丹等，2017）。由于我国森林类型众多，且各林分的生长发育阶段存在差异，因此促进森林质量提升过程中不可能有全国统一标准。但是应该遵守共同的原则，即模拟地带性顶极群落的发展过程（唐守正，2016）。由于地带性植被与所处区域的环境条件早已建立了长期稳定的关系（郑德平，1988），这可为区域生物多样性保护、植被恢复与重建等森林质量精准提升工作提供理论参考（林源祥等，2003）。

在前述广东主要森林植被类型中，除阔叶林是本区地带性典型植被外，其他植被类型均为非地带性典型植被类型（广东省科学院丘陵山区综合科学考察队，1991）。其中，阔叶林主要包括常绿阔叶林和常绿落叶阔叶混交林两类。

一、常绿阔叶林

常绿阔叶林是指以亚热带常绿阔叶树为优势树种所组成的森林群落（陈永富等，2020）。作为广布于我国南方的常绿阔叶林的一部分，广东常绿阔叶林具有一定的独特性。由于广东地跨不同气候带，水热等自然条件由南至北表现出一定的差异，进而使得南北两地的常绿阔叶林类型有所不同。具体而言，分布于中亚热带的常绿阔叶林属于典型常绿阔叶林，而分布于南亚热带的则属于季风常绿阔叶林（广东省植物研究所，1976；广东省科学院丘陵山区综合科学考察队，1991）。

（一）典型常绿阔叶林

典型常绿阔叶林是我国中亚热带地区的代表性植被类型（图1-1）。该植被类型主要由壳斗科（Fagaceae）、樟科（Lauraceae）和山茶科（Theaceae）等的常绿树种组成，并常以壳斗科植物占优势。广东典型常绿阔叶林主要分布在其北部，分布范围大致在24°N线（即怀集、广宁、清远、佛冈、龙门、河源、龙川、梅县、大埔一线）以北的中亚热带地区。该区域地处中亚热带湿润性季风气候区，各地年平均气温为18~21℃，最冷月（1月）平均气温为7~11℃，最热月（7月）平均气温为28~29℃，极端最低气温为-2~-7℃，极端最高温可达41.6℃（杨龙等，2017）。此外，日均温≥10℃的连续积温为6000~7000℃，年降水量1300~2700 mm，总体表现为雨热同期，有利于植物生长。典型常绿阔叶林分布区所处的地貌类型以山地和丘陵为主，间有盆地和谷地。在土壤方面，丘陵低山的土壤是在花岗岩、砂页岩等基础上发育而成的红壤，中山山地的土壤为山地黄壤，海拔较高的山顶、山脊上的土壤则为山地草甸土。在人类活动的长期干扰下，典型常绿阔叶林除在少数区域尚保存较大面积之外，大部分地区都只有零星分布，且广布于丘陵低山的多属于次生林类型。

图1-1 典型常绿阔叶林

典型常绿阔叶林具有丰富的物种组成，并以壳斗科锥属（Castanopsis）、柯属（Lithocarpus）和栎属（Quercus）的常绿树种占优势，其次还包括樟科、山茶科、金缕梅科（Hamamelidaceae）、杜英科（Elaeocarpaceae）、木兰科（Magnoliaceae）、山矾科（Symplocaceae）、冬青科（Aquifoliaceae）和杜鹃花科（Ericaceae）等植物。通常在1000 m^2的范围内可记录有70~90种维管束植物。在群落外貌方面，典型常绿阔叶林的林冠形态较为平整，并常年呈现暗绿色，但在冬春换叶或开花时具有短暂的季相变化，其林冠呈现嫩绿、黄红斑块。群落结构相对复杂且有序，乔木层通常可分为2个或3个亚层，而灌木层和草本层相对稀疏，附生植物较少，藤本植物也较为贫乏，但仍然为植物提供了丰富的生态位。

（二）季风常绿阔叶林

季风常绿阔叶林是我国南亚热带地区的代表性植被类型。该植被类型尽管也以壳斗科、樟科和山茶科等的常绿树种占优势，但壳斗科树种中主要以锥属为主，而樟科树种的优势度则显著增加。此外，由于季风常绿阔叶林的分布区靠近热带，因而在种类组成中含有较多的热带成分（叶万辉等，2008）。广东季风常绿阔叶林主要分布在其南部，分布范围大致在24°N（即怀集、广宁、清远、佛冈、龙门、河源、龙川、梅县、大埔一线）以南地区，其南部界线大致在高州、阳江、斗门、深圳、陆丰、惠来一线上（西段位于22°N附近，东段位于23°N附近），与热带雨林和季雨林地带相接。该区域地处南亚热带湿润性季风气候区，各地年平均气温为20~22℃，最冷月（1月）平均气温12~14℃，极端最低气温达0℃或0℃以下，日均温≥10℃的连续积温为6900~8000℃，全年无雪，但有轻霜；年降水量1600~2200 mm。季风常绿阔叶林分布区所处的地貌类型以丘陵和山地为主，间有台地和盆谷地。在土壤方面，海拔300 m以下的山麓、丘陵及台地的土壤为赤红壤，300~600 m的丘陵山地分布着山地红壤，600 m以上则主要为山地黄壤。在人类活动的强烈干扰下，除自然保护区中尚有几处较大面积的季风常绿阔叶林分布之外，其他各地区都以小片零星分布为主。

季风常绿阔叶林内的物种组成则更为丰富，通常在1000 m^2的范围可记录有80~110种维管束植物。该植被类型以壳斗科、樟科、山茶科、桃金娘科（Myrtaceae）、大戟科（Euphorbiaceae）、豆科（Fabaceae）、桑科（Moraceae）、锦葵科（Malvaceae）、芸香科（Rutaceae）、五加科（Araliaceae）、山矾科和冬青科等为主，其中热带植物区系成分占有较大的比重。但与本省北部的典型常绿阔叶林相比，季风常绿阔叶林则以樟科、壳斗科及其他热带科的树种共占优势，特别是在群落的中下层，热带区系成分更为明显。在群落外貌方面，季风常绿阔叶林的树冠形态参差起伏，尽管主要表现为终年常绿，但有些树木在冬春季节短暂集中换叶，因此亦有较明显的季相变化。在群落结构方面，乔木通常可分为2~3层，并且在坡麓和沟谷中，较容易见到板根和老茎生花现象；灌木层比较稠密，主要由茜草科（Rubiaceae）

和紫金牛科（Myrsinaceae）等的种类组成，草本层主要由蕨类、山姜（*Alpinia japonica*）及禾草组成，林中木质藤本植物较多，附生的维管束植物也较为常见。

二、常绿落叶阔叶混交林

常绿落叶阔叶混交林是由常绿和落叶乔木混交而形成的森林群落。该植被类型属于亚热带常绿阔叶林与温带落叶阔叶林之间的过渡类型，主要分布在我国北亚热带地区。广东亚热带山区的常绿落叶阔叶混交林并非纬度地带性的植被类型，而属于垂直分布带上的一种类型，并主要分布在粤北海拔较高的山地上。物种组成多为亚热带和少数温带的种类。此外，在干旱生境条件的驱动作用下，广东石灰岩山丘和紫色砂页岩盆地上也有该植被类型的分布。在石灰岩山地，由于土浅石多，乔木层通常仅有1层，并且树冠多不连接；灌木层随上层的疏密而异，上层越疏下层越密，反之亦然；草本层通常较为稀疏，覆盖度仅为5%~20%。在群落外貌方面，每逢干燥的冬季来临，落叶乔木的叶子会变成红色或黄色而脱落。

第二节 人工林植被类型

一、广东省人工林资源概况

作为全球森林资源的重要组成部分，人工林不仅是木材产品的主要原料来源，其在减缓气候变化和生物多样性保育等方面也发挥着重要作用（刘世荣等，2018）。根据2021年林草生态综合监测数据，广东省森林面积为953.29万hm^2，森林覆盖率为53.03%。按起源结构划分，人工林面积为715.33万hm^2，占广东省森林面积的75.04%；人工林蓄积量为35742.43万m^3，占广东省森林蓄积量的61.83%。

1978—2017年，广东省人工林主要经历了4个发展阶段（杨加志等，2019）。其中1988—1997年和2002—2017年的两个时间段内，由于"十年绿化广东"和大规模营造林等工程的实施，广东省人工林面积得以大幅度增加。广东省人工林的发展不仅体现在单纯的面积增加，在树种组成方面也有显著改善。1978—2002年，杉木（*Cunninghamia lanceolata*）林和以马尾松（*Pinus massoniana*）为主的松树林是广东省人工林的优势林分（杨加志等，2019）。但在火灾和病虫害等多重因素的影响下，自2002年以后，针叶林面积则随着人工林改造而逐渐降低，阔叶林面积随之增加（杨加志等，2019；盘李军等，2023）。

根据第九次全国森林资源清查数据，广东省人工林主要以桉树林、杉木林和马尾松林为主（国家林业和草原局，2019）。其中桉树林、杉木林和马尾松林的面积分别为186.65、80.57和39.35万hm^2，蓄积量分别为4946.27、4177.14和2661.62万m^3（国家林业和草原局，2019）。在人工林群落树种组成方面，乔木层常见种类有巨尾桉（*Eucalyptus grandis* × *urophylla*）、尾叶桉（*E. urophylla*）、马占相思（*Acacia mangium*）、粉单竹（*Bambusa chungii*）、荔枝（*Litchi chinensis*）、杉木、南洋楹（*Falcataria falcata*）和银木（*Camphora septentrionalis*）等；灌木层常见种类有白鹤藤（*Argyreia acuta*）、刚莠竹（*Microstegium ciliatum*）、岗松（*Baeckea frutescens*）、黄牛木（*Cratoxylum cochinchinense*）、黧蒴（*Castanopsis fissa*）、山鸡椒（*Litsea cubeba*）、三桠苦（*Melicope pteleifolia*）和鼠刺（*Itea chinensis*）等；草本层常见种类有弓果黍（*Cyrtococcum patens*）、黑莎草（*Gahnia tristis*）、狗脊（*Woodwardia japonica*）、火炭母（*Persicaria chinensis*）和五节芒（*Miscanthus floridulus*）等（中国林业科学研究院热带林业研究所，2019）。

二、具有代表性的混交人工林植被群落

根据第九次全国森林资源清查结果，我国的人工林由 2013 年的 6933 万 hm² 增加到 2018 年的 7954 万 hm²，增幅为 14.73%，人工林面积持续稳居世界首位（国家林业和草原局，2019）。然而，我国人工林经营长期以来过分重视和追求短期的生产力与经济利益，进而造成了人工林树种结构单一的现状，并由此引发了土壤退化、林地生产力和生态系统功能降低以及病虫害增加等一系列生态风险（Bauhus et al., 2017；Zhang et al., 2020；杜志等，2020）。为了有效预防并缓解上述危机，广东省作为林业大省，在全国率先进行了林分改造的探索和实践，其思路和行动走在了全国前列。阔叶林面积和蓄积量的增加可以从广东省人工林改造大致经历的 3 个阶段反映出来：①20 世纪 70 年代，大规模皆伐后飞机播种形成的马尾松林等，在当时对荒山绿化发挥了重要作用；②20 世纪 80 年代至 2000 年，属于速生树种的快速发展阶段，如常见的杉木林、桉树林和相思林等；③2000 年至今，属于多树种（乡土树种和珍贵树种）混交造林阶段。合理的森林结构和稳定的生态系统既是实现森林质量和生态效益"双精准"提升的关键，同时也是实现人工林可持续经营的基本保障。对于混交林的营建而言，正确的种源选择是关键，乡土树种作为地带性植被的典型代表，不仅很好地遵循了适地适树原则，同时也可以为混交林的营建提供丰富的备选资源。

乐昌林场和云勇林场混交林是广东具有代表性的人工林植被群落。乐昌林场闽楠（*Phoebe bournei*）+杉木混交林（图1-2）位于广东省乐昌林场后洞森林公园，地理坐标为 113°18′44.1507″ E、25°10′30.9264″ N，海拔 448.36 m，林地坡度 31°，坡向为西南坡，坡位为中坡，土壤类型为黄红壤，土壤厚度 1 m。林分中闽楠大树为 1981 年实生苗种植，杉木为 1992 年种植，后由闽楠大树种子萌发与人工种苗种植进行闽楠、杉木林混交。林分初植密度为闽楠 40 株/亩[*]，杉木 167 株/亩，现保留密度 112 株/亩，面积约为 100 亩。2023 年 10 月调查结果显示，林木平均胸径

---

[*] 1 亩 ≈666.67 m²。

19.9 cm，平均树高 14.8 m，平均冠幅 4.9 m，平均枝下高 4.3 m。林分中的闽楠大树生长良好，林下幼苗充足，加上间伐杉木与补种闽楠幼苗，整体混交效果良好。

图1-2　乐昌林场闽楠+杉木混交林

佛山市云勇林场混交人工林，地理坐标为 112°38′26″~112°42′25″E、22°41′54″~22°46′50″N，林场总面积为 2007.8 hm²，与周边及场内 20 个自然村的山地相接。自 2002 年起，陆续将林场内的用材林（主要为杉木）改造为生态公益林，以提升森林质量和生态效益，培育森林景观，促进和恢复森林生态系统服务功能的发挥。在林分改造实践中，选择了适合本地生长的 134 个乡土阔叶树种开展林分改造试验，并遵循林分改造的相关原则，设计了多个阔叶树种的组合及混交配置方案，改造后的林分均已郁闭成林。改造后森林植被丰富度、土壤理化性质、水源涵养功能等都得到显著提升，森林景观也得到极大的改善。图 1-3 所示为 2009 年造林，造林密度为 1665 株/hm²，经过 14 年恢复后的阔叶混交林景观。

图1-3　佛山市云勇林场混交人工林

第三节 典型风水林类型

风水林是指我国南方地区村前屋后保留的森林，常由受人为干扰相对较小的原生植被构成，或由次生裸地以及人工林等经自然演替恢复而成（叶华谷等，2013）。尽管风水林通常呈小面积的岛屿状分布，但其对区域内的生物多样性保护、植被恢复以及生态环境改善等都具有重要作用（庄雪影，2012）。风水林是风水意识的产物，在中华民族长期适应自然生态环境过程中形成的人与自然和谐共处这一思想意识的影响下，最终发展为依据地形地势，充分利用天然林或人工林，在村庄、房屋、陵墓等建筑体的选址与布局时，结合朴素的植物学、建筑学、美学和园林园艺学等学科理论，形成中国特有的风水林（叶华谷等，2013）。由于风水林被认为具有挡风、聚气和纳水等风水效果，加之乡规民约等方式使民众自觉地保护和管理风水林，最终实现了低成本但却有效保护自然生态环境的目的（杨期和等，2012；曾兰华等，2015）。因此，风水林就像一座自然植物博物馆，在学术研究和自然保育实践方面都蕴藏着不可估量的价值（邓剑，2013）。

一、珠三角风水林

广州市风水林植被种类较多，群落组成较为复杂，是珠三角风水林较为典型的代表。广州市风水林数量约有156处，面积约521.07 hm^2，其中从化区的风水林数量最多，有65处，共计304.75 hm^2，占广州市风水林总面积的58.5%（叶华谷等，2013）。基于广州市152处风水林样方的调查结果，共记录有维管束植物470种，隶属于106科264属。其中包含蕨类植物13科14属28种，裸子植物3科3属4种，双子叶植物81科215属390种，单子叶植物9科32属48种。物种数多于10种的共有11科，占调查记录总科数的10.38%；物种数在5~9种的有18科，占调查记录总科数的16.98%；单种科为35个，占调查记录总科数的33.02%（叶华谷等，2013）。总体而言，广州市风水林群落组成较为复杂，但优势科较为明显，即少数科拥有更多的植物种类。

基于《中国植被》的分类原则和分类系统，广州市风水林可划分为20种植被类型（群系），即黄桐（*Endospermum chinense*）林、格木（*Erythrophleum fordii*）林、锥栗（*Castanea henryi*）林、木荷（*Schima superba*）林、乐昌含笑（*Michelia chapensis*）林、翻白叶树（*Pterospermum heterophyllum*）林、红锥（*Castanopsis hystrix*）林、罗浮锥（*C. faberi*）林、鹿角锥（*C. lamontii*）林、米槠（*C. carlesii*）林、樟（*Camphora officinarum*）林、黄樟（*C. parthenoxylon*）林、黄果厚壳桂（*Cryptocarya concinna*）林、黄杞（*Engelhardia roxburghiana*）林、鳖蔸林、雷公青冈（*Cyclobalanopsis hui*）林、小果山龙眼（*Helicia cochinchinensis*）林、南岭黄檀（*Dalbergia balansae*）林、海红豆

（*Adenanthera microsperma*）林和红鳞蒲桃（*Syzygium hancei*）林（叶华谷等，2013）。

（一）中华锥 + 黄果厚壳桂 - 大罗伞 - 沙皮蕨群落

该群落位于广州市白云区九佛镇莲塘村，属于常绿阔叶林（图1-4）。郁闭度为0.9，共有维管植物76种，隶属于36科60属。群落内物种繁多，林冠浓密，垂直结构分层现象明显。林分乔木层茂密高大，平均树高12.4 m，平均胸径20.6 cm，主要由中华锥（*Castanopsis chinensis*）、黄果厚壳桂和白颜树（*Gironniera subaequalis*）等树种组成。灌木层平均高为1.2 m，主要由黄果厚壳桂、大罗伞（*Ardisia crenata*）和粗叶木（*Lasianthus chinensis*）组成。草本层平均高为0.4 m，主要由沙皮蕨（*Hemigramma decurrens*）和扇叶铁线蕨（*Adiantum flabellulatum*）等组成。群落内物种丰富，林分茂密；人为干扰痕迹不明显。乔木层、灌木层种类繁多，林下出现小苗更新层，群落结构稳定，演替态势良好。

图1-4　中华锥+黄果厚壳桂-大罗伞-沙皮蕨群落

（二）米槠 - 鱼骨木 + 香楠 - 淡竹叶 + 华珍珠茅群落

该群落位于佛山市南海区西樵镇寺边村，属于常绿阔叶林（图1-5）。郁闭度约为0.6，共有维管植物58种，隶属于35科49属。群落乔木上层为优势树种米槠，平均树高达14.8 m。乔木下层主要有鱼骨木（*Psydrax dicocca*）和香楠（*Aidia canthioides*），平均树高为4.7 m。灌木层主要有山乌桕（*Triadica cochinchinensis*）、罗伞树（*Ardisia quinquegona*）和九节（*Psychotria asiatica*），平均高为1.6 m。草本层主要有淡竹叶（*Lophatherum gracile*）、华珍珠茅（*Scleria ciliaris*）和沙皮蕨，盖度为23.0%，平均高为0.5 m。

群落植物种类丰富，优势种群明显，其中米槠种群占据绝对的优势，胸径多数在 35 cm 以上，胸径最大达 47.7 cm，树高最高达 18 m。但现部分米槠已出现枯梢、枯顶，甚至死亡的现象，需要进一步加强保护和管理。

图1-5 米槠-鱼骨木+香楠-淡竹叶+华珍珠茅群落

（三）小果山龙眼＋银柴＋阴香-朱砂根-半边旗群落

该群落位于东莞市大岭山镇大沙村，属于季风常绿阔叶林，外貌春天呈嫩绿色，夏天呈墨绿色，秋、冬季则呈灰绿色，冠形广阔，郁闭度约为 0.8（图1-6）。共有维管植物 42 种，隶属于 29 科 39 属。群落乔木上层由小果山龙眼和银柴（*Aporosa dioica*）组成，平均树高为 12.3 m。乔木下层主要为阴香（*Cinnamomum burmanii*），平均树高为 9.1 m。灌木层主要有朱砂根（*Ardisia crenata*）、九节和桂木（*Artocarpus parvus*）幼苗等，平均高为 1.5 m。草本层主要有半边旗（*Pteris semipinnata*），平均高为 0.4 m。群落内植物种类较为丰富，各层次优势种群明显，然而受经济利益驱使，该群落周围土地已陆续开发为厂房或村民宅基地，群落生境进一步破碎化，面积缩小。此现象应充分重视，制订措施，加以保护和修复。

图1-6 小果山龙眼+银柴+阴香-朱砂根-半边旗群落

(四) 华润楠 + 肉实树 - 罗伞树群落

该群落位于深圳市龙岗区大鹏湾小梅沙村,约有 400 多年的历史,占地面积约 1.5 hm²(图 1-7)。该风水林具有丰富的古树资源,主要古树树种有樟、白车(*Syzygium levinei*)和五月茶(*Antidesma bunius*)。其中,最古老的古樟树具 15 个树干,冠幅达 31.6 m × 38.0 m,最大的树干胸径达 0.5 m。这些古树通常位于风水林林缘。该风水林林相良好,郁闭度为 0.9,共有维管植物 145 种,隶属 63 科 106 属。乔木层林冠浓密,平均树高为 10.0 m,主要树种有华润楠(*Machilus chinensis*)、肉实树(*Sarcosperma laurinum*)、假苹婆(*Sterculia lanceolata*)、短序润楠(*Machilus breviflora*)和山杜英(*Elaeocarpus sylvestris*)等。林下灌木层比较发达,物种较丰富,平均高为 1.1 m,以罗伞树、肉实树、黄果厚壳桂和假苹婆等占优势。草本层平均高 0.3 m,物种比较贫乏。目前,该群落已由民用铁丝网保护起来,人为干扰较少。林下植被具有丰富且长势良好的肉实树、假苹婆和黄果厚壳桂等林冠树种的小苗,反映该群落的优势种群将在较长时间内保持稳定。

图 1-7 华润楠+肉实树-罗伞树群落

(五) 大头茶 - 豺皮樟 - 三叉蕨群落

该群落位于珠海市斗门区乾务镇七星村,属于次生常绿阔叶林,外貌极绿,冠形狭窄,郁闭度约为 0.8(图 1-8)。群落的林层结构尚明显,乔木层由大头茶(*Polyspora axillaris*)、山油柑(*Acronychia pedunculata*)和革叶铁榄(*Sinosideroxylon wightianum*）组成，平均树高为 5.0 m，秋、冬季大头茶白色的花朵迎风怒放于枝头，蔚为壮丽。灌木层主要有密花树（*Myrsine seguinii*）和豺皮樟（*Litsea rotundifolia*）等，平均高为 1.6 m。草本层主要有三叉蕨（*Tectaria subtriphylla*）和铁线蕨（*Adiantum capillus-veneris*），盖度为 9.0%。群落内植物种类较贫乏，优势种群明显。该群落距离村落有一定距离，但由于当地居民仍使用木炭作为燃料，因此群落内的乔木和灌木被人为砍伐作为薪材，可能影响群落自然更新和植被多样性。

图1-8　大头茶-豺皮樟-三叉蕨群落

二、粤东地区风水林群落

粤东客家地区的典型风水林较多，客家人在迁徙至广东东部地区时，多数选择后山有保留较好的风水林作为定居地（杨期和等，2012）。对粤东非常有代表性的蕉岭县北礤镇石寨村风水林进行详细调查，在 3 个 1000 m² 的标准样地中，共记录了维管植物 58 种，隶属于 35 科 49 属，以山茶科、壳斗科、莎草科（Cyperaceae）、桃金娘科和茜草科植物占优势。通过组织调查河源、揭阳和汕尾 3 个地级市 5 个县保存完好的 16 个风水林，每个风水林设置 1600 m² 的标准样地，共记录胸径 5.0 cm 及以上的乔木个体 4518 株，隶属于 39 科 112 种，平均个体密度为 1765 株/hm²，平均胸径为 13.6 cm，平均树高为 13.5 m。胸径较大的高大乔木有红锥、细柄蕈树（*Altingia gracilipes*）、甜槠（*Castanopsis eyrei*）、罗浮锥等，乔木层主要优势种为红锥、木荷、细柄蕈树、榕叶冬青（*Ilex ficoidea*）、柯（*Lithocarpus glaber*）、甜槠、罗浮锥等。灌木层主要种类有红锥、鸭公树（*Neolitsea chui*）、豺皮樟、山血丹（*Ardisia lindleyana*）、九节、木荷、虎皮楠（*Daphniphyllum oldhamii*）等。更新层的种类主要有红淡比（*Cleyera japonica*）、九节、米槠、鸭公树、毛冬青（*Ilex pubescens*)、虎皮楠、华润楠、广东冬青（*Ilex kwangtungensis*）、罗浮锥、鼠刺、鹅掌柴（*Heptapleurum heptaphyllum*）等。

(一) 假苹婆 + 枫香 - 朱砂根 + 九节群落

该群落位于汕头市南澳县云澳镇山边村（图 1-9）。地理坐标为 117°11'1"E、23°41'69"N，海拔 20 m，林地坡度 20°，坡向西北，坡位为中坡，土壤类型为赤红壤，土壤厚度 1 m。林分密度约 65 株/亩，优势树种为假萍婆、枫香（*Liquidambar formosana*）等，其中有枫香古树 16 余棵，生长良好，树形优美。该群落属于次生常绿阔叶林，植被丰富多样，郁闭度约为 0.8。群落的林层结构尚明显，乔木层主要由假苹婆、鹅掌柴组成，平均树高 7.1 m，平均胸径 17.1 cm、平均冠幅 4.5 m。灌木层主要有朱砂根、九节和蒲桃（*Syzygium jambos*）等，平均高为 0.9 m。该群落距离村落有一定距离，但由于需要建成古树公园，因此部分群落内的乔木和灌木被人为砍伐去除，可能影响群落自然更新和植被多样性。

图1-9 假苹婆-枫香-朱砂根-九节群落

(二) 华润楠 + 杉木 - 假萍婆群落

该群落位于汕头市南澳县云澳镇后花园村（图 1-10）。地理坐标为 117°08'20"E、23°44'91"N，海拔 41 m，林地坡度 15°，坡向北，坡位为下坡，土壤类型为赤红壤，土壤厚度 1 m。林分密度约 86 株/亩，台湾优势树种为华润楠、南酸枣（*Choerospondias axillaris*）、台湾相思（*Acacia confusa*）等。该群落原为台湾相思和杉木纯林，后经过间伐和补植套种，更新成为现今植被丰富多样、郁闭度约为 0.95 的针阔混交林。群落分层明显，乔木层主要由华润楠、杉木和南酸枣组成，平均树高 13.3 m，平均胸径 17.0 cm、平均冠幅 5.0 m。灌木层植物多样性丰富，主要物种为假萍婆和华润楠的幼苗，平均高为 0.5 m，反映该群落的优势种群将在较长时间内保持稳定。

图1-10　华润楠+杉木-假萍婆群落

三、粤西地区风水林群落

雷州半岛面积达12470 km^2，年均降水量为1300~2300 mm，年均气温为22.8~23.5℃，陆地以砖红壤、赤红壤或水稻土为主（韩维栋等，2017）。目前现存的森林斑块主要为风水林，位于村庄周围，斑块面积小、隔离度高，其周围的土地以桉树林、菠萝（*Ananas comosus*）和甘蔗（*Saccharum officinarum*）等种植地等为主。基于雷州半岛10个40 m×40 m样地的调查结果，共记录有植物190种，其中包括乔木层47科120属163种，草本层48科88属99种。总体而言，乔木层与草本层都由少量的优势种和较多的稀有种组成（黄锐洲等，2023）。雷州市足荣村的樟古树风水林（图1-11），地理坐标为109°55′48″E、20°36′51″N，地处海拔104.4 m的平地，土壤类型为红壤，土壤厚度约1.0 m，母岩为花岗岩。林分为天然次生阔叶混交林，优势树种为樟，还有部分破布叶（*Microcos paniculata*）、朴树（*Celtis sinensis*）、天竺桂（*Cinnamomum japonicum*）、假苹婆和山楝（*Aphanamixis polystachya*）等，林分密度约55株/亩。2023年9月调查结果显示，林木平均胸径24.5 cm，平均树高18.0 m，平均冠幅10.0 m，平均枝下高10.7 m。林分中大树较多，尤其以樟古树为主。

图1-11　樟古树

四、粤北地区风水林群落

粤北的风水林较为分散。基于对清远市清新区白湾镇 10 个面积为 400 m² 风水林的样方调查数据，共记录有维管植物 151 种，隶属 61 科 119 属。其中蕨类植物 9 科 13 属 20 种，种子植物 52 科 106 属 131 种。对于乔木层，重要值排名前 5 位的物种分别为阴香、香叶树（*Lindera communis*）、檵木（*Loropetalum chinense*）、绒毛润楠（*Machilus velutina*）和海红豆。对于灌木层，重要值排名前 5 位的物种分别为假鹰爪（*Desmos chinensis*）、驳骨九节（*Psychotria prainii*）、海红豆、中南鱼藤（*Derris fordii*）和白花鱼藤（*Derris alborubra*）。对于草本层，重要值排名前 5 位的物种分别为花葶薹草（*Carex scaposa*）、弓果黍、卷柏（*Selaginella tamariscina*）、渐尖毛蕨（*Cyclosorus acuminatus*）和蔓生莠竹（*Microstegium fasciculatum*）（徐瑞晶等，2012）。

对乳源东坪的典型风水林进行详细调查，在 2500 m² 的样地中，共记录有 792 株乔木层植物，隶属于 58 科 69 种。该风水林的建群种是分布稀少的长蕊含笑（*Michelia martini*），也是目前发现该物种在广东分布最为集中的野生群落。在该风水林中亦记录到薄果猴欢喜（*Sloanea leptocarpa*）等野外少见的物种。样地中也发现野生广东石斛（*Dendrobium kwangtungense*）附生于高大的枫香上，说明风水林是部分珍稀濒危和特有植物的理想栖息地。

韶关市仁化县的红锥古树（图 1-12），地理坐标为 113°78'51.7857" E、25°18'21.1828" N，海拔 197.6 m，林地坡度 17°、坡向为北坡，坡位为中坡，土壤类型为红壤，土壤厚度约 0.6 m。林分为天然更新的红锥古树林，受人为干扰较大，林分密度约 16 株/亩。2023 年 10 月调查结果显示，林木平均胸径 47.4 cm，平均树高 23.1 m，平均冠幅 11.1 m。林分大树较多，胸径、冠幅较大，林下红锥幼苗充足，更新良好，层次合理。

图 1-12　红锥古树

第四节　广东森林主要建群树种

森林建群树种是指对森林生态系统的环境、结构、组成和功能具有明显控制作用的优势树种，是森林群落特殊植被类型的构建者。森林建群种在生物多样性保护、生态系统功能维持、森林生态系统固碳增汇、全球气候变化减缓等方面发挥着至关重要的作用，对实现森林质量精准提升具有重要意义。根据广东自然地理条件和树种生态学特性，综合树种生态效益、材性利用经济效益等综合效益的发挥，筛选出红锥、米槠、吊皮锥（*Castanopsis kawakamii*）、木荷、樟、润楠（*Machilus nanmu*）、桢楠（*Phoebe zhennan*）、闽楠、观光木（*Michelia odora*）、灰木莲（*Manglietia glauca*）、火力楠（*Michelia macclurei*）、格木、坡垒（*Hopea hainanensis*）、枫香、红花天料木等 15 种主要建群树种。

❶ 红锥 *Castanopsis hystrix* Hook. f. & Thomson ex A. DC.

（别名：刺锥栗、红锥栗、锥丝栗）

壳斗科 Fagaceae
锥属 *Castanopsis*

大乔木，高可达 25 m（图 1-13）。喜湿润、喜较好的水热条件。天然分布区的年平均气温在 17.7~22.9 ℃。不耐低温，可忍耐的极端最低温为 -5~0 ℃。喜生于酸性红壤、黄壤和砖红性红壤。幼林不耐强光，需一定的庇荫。广东地区造林需选择海拔低于 500 m 的地段，可与杉木、马尾松、湿地松（*Pinus elliottii*）等针叶树混交形成针阔混交林，可与木荷、枫香等阔叶树混交形成阔叶混交林，可与阴香、假苹婆、红鳞蒲桃等中小乔木搭配种植，形成乔木层复层结构的地带性森林群落。

图1-13　红锥

❷ 米槠 *Castanopsis carlesii* (Hemsl.) Hayata

（别名：米锥、石槠、小叶槠、细米稠）

壳斗科 Fagaceae

锥属 *Castanopsis*

乔木，高可达 20 m（图 1-14）。广泛分布于中亚热带海拔 1300 m 以下的山地丘陵，生长快，伐桩萌芽力强。种植应选在温暖、湿润、土层深厚肥沃的立地条件，土壤为山地红壤或黄红壤，海拔 200~1300 m 的低山丘陵地区。搭配种植的树种可选木荚红豆（*Ormosia xylocarpa*）、乐昌含笑、米老排（*Mytilaria laosensis*）、青冈（*Cyclobalanopsis glauca*）等，形成乔木层复层结构的地带性森林群落。

图1-14　米槠

❸ 吊皮锥 *Castanopsis kawakamii* Hayata

（别名：格氏栲、青钩栲）

壳斗科 Fagaceae

锥属 *Castanopsis*

乔木，高可达 28 m（图 1-15）。具板根，树皮呈长条剥落。它是我国中亚热带南缘特有的常绿大乔木，属《世界自然保护联盟（IUCN）濒危物种红色名录》易危（VU）物种。适生于年平均气温 18℃ 以上、年平均降水量 1500 mm 以上、相对湿度 80% 以上的地区，适宜在酸性至微酸性的黄红壤及红壤土上生长，在土层深厚、含腐殖质丰富的土壤生长良好。广东中部和东部地区种植较为合适，可与观光木、华润楠、木荷、山杜英等乔木搭配种植。

图1-15　吊皮锥

❹ 木荷 *Schima superba* Gardner & Champ.
（别名：荷木、荷树）

山茶科 Theaceae
木荷属 *Schima*

常绿乔木，高可达 25 m（图 1-16）。树皮灰褐色，纵裂。喜光、喜温暖湿润。天然分布区地理范围大致在 31°N 以南、105°E 以东的广大地区。对土壤适应性较强，其适生土壤 pH 值为 4.5~6.0，红壤、黄棕壤等酸性土壤均可生长。另外，由于具有深根性，耐瘠薄，在人为破坏较大的次生林地、土壤贫瘠、水土流失严重的山脊和林地均可较好地生长存活。含水量高，耐贫瘠，耐干旱，阻燃性能强，生长速度快，树干通直，材质坚韧，结构致密，是防火隔离带的优选树种。作为亚热带常绿阔叶林的主要建群种，常与锥属、青冈属（*Cyclobalanopsis*）、石栎属（*Pasania*）等壳斗科的树种形成不同群落类型，亦是马尾松、杉木等较理想的林分优化树种。

图 1-16　木荷

❺ 樟 *Camphora officinarum* Nees
（别名：香樟、芳樟、乌樟、小叶樟）

樟科 Lauraceae
樟属 *Camphora*

常绿乔木，高可达 40 m，胸径可达 3 m（图 1-17）。喜光树种，但幼时喜适当庇荫的环境，树高生长至 2 m 后需光量增大，壮年需强光。适生气候为年平均气温 16℃ 以上，年降水量 1000 mm 以上，且季节分布均匀。幼树及大树嫩枝对低温、霜冻较敏感，长大后抗寒性渐强。可与鹅掌楸、枫香、南酸枣等多种乡土树种采用单株混交的方式造林。

图 1-17　樟

图1-18 润楠

6 润楠 Machilus nanmu (Oliv.) Hemsl.

樟科 Lauraceae

润楠属 Machilus

高大乔木，高可达40 m或更高，胸径40 cm（图1-18）。当年生小枝黄褐色，1年生枝灰褐色。叶椭圆形或椭圆状倒披针形，先端渐尖或尾状渐尖，先端渐尖或尾状渐尖。圆锥花序生于嫩枝基部，花梗纤细，花被裂片长圆形。果扁球形，黑色。花期4~6月，果期7~8月。

分布于中国海南、广东、广西、贵州、云南、西藏等地，缅甸有栽培。喜温暖湿润，多生于中低山的湿润阴坡坡谷下部和溪流边上。在《世界自然保护联盟濒危物种红色名录》中属于濒危（EN），是国家二级保护野生植物。繁殖方式一般为种子育苗，也可用扦插繁殖。

树干挺拔伟岸，有广阔的伞状树冠，枝叶浓密茂盛，是优良园林树种。树干高大，材质优良，为良好的建筑、家具等用材。

图1-19 桢楠

7 桢楠 Phoebe zhennan S. K. Lee & F. N. Wei

樟科 Lauraceae

楠属 Phoebe

常绿大乔木。幼枝有棱，被黄褐色或灰褐色柔毛，2年生枝黑褐色，无毛。花期为5~6月，果期11~12月（图1-19）。生长于气候温暖湿润，年平均气温17℃，1月平均气温7℃，年降水量1400~1600 mm处。分布区位于亚热带常绿阔叶林中，是中国的特产树种。

中性偏耐阴树种，扎根深，寿命长，树龄300年的树木未见明显衰退；主根明显，侧根发达，根部萌蘖能长成大径材。幼年期耐阴，一年抽2次新梢。生长速度中等，50~60龄达生长旺盛期。种子属多胚型，每粒种子能长出2~3棵苗。

⑧ 闽楠 *Phoebe bournei* (Hemsl.) Yen C. Yang
（别名：兴安楠木、竹叶楠）

樟科 Lauraceae　　楠属 *Phoebe*

乔木，高可达 20 m（图 1-20）。老树皮灰白色，幼树带黄褐色。自然分布于中亚热带气候带，适宜生长在气候温暖湿润，年平均气温 16~20℃，1 月平均气温 5~11℃，年降水量 1200~2000 mm，土壤肥沃的环境。对立地条件要求严格，在阴坡或阳坡下部山脚地带生长良好；要求土层深厚，腐殖质含量高，土质疏松、湿润，富含有机质的中性或微酸性砂壤、红壤或黄壤土。耐阴，在不过分荫蔽的林下幼苗常见，天然更新能力强。早期生长相对缓慢，可与生长较快的杉木等树种混种，林下可种植红豆属（*Ormosia*）珍贵树种，林下亦可种植草珊瑚（*Sarcandra glabra*）、黄精（*Polygonatum sibiricum*）等中药材植物。

图 1-20　闽楠

⑨ 观光木 *Michelia odora* (Chun) Noot. & B. L. Chen
（别名：香花木）

木兰科 Magnoliaceae　　观光木属 *Michelia*

常绿乔木，高可达 25 m（图 1-21）。干形通直，树皮淡灰褐色，具深皱纹。多生长在气候湿润温暖和土壤肥沃、有机质含量丰富且疏松的地区，为弱喜光树种，幼龄时期耐阴性比较强，生长快，叶子较大，树冠一般浓密且根系较为发达，长大后喜光。一般分布在年平均气温 17~23℃、年降水量达 1200~1600 mm、相对湿度在 80% 以上的地带，野生分布区土壤大多为砂页岩的偏酸性的山地黄壤或红壤。对水肥要求比较苛刻，喜湿喜肥，造林地宜选择阴坡、半阴坡或阳坡中下部，要求土层深厚、肥沃、疏松、湿润、酸性土壤。可与铁冬青（*Ilex rotunda*）搭配种植，在华南地区的初秋形成良好的观果景观；也可套种于马尾松纯林中。

图 1-21　观光木

⑩ 灰木莲 Manglietia glauca Blume

（别名：落叶木莲）

木兰科 Magnoliaceae　　木莲属 Manglietia

图1-22　灰木莲

常绿阔叶乔木，高可达 26 m 以上（图 1-22）。干形通直。喜温暖湿润环境，不耐瘠薄和干旱立地，忌积水地，适生于年平均气温在 18 ℃ 以上、年降水量 1200~2700 mm 的区域。垂直分布在海拔 800 m 以下丘陵平原，喜土层深厚、疏松、湿润的赤红壤和红壤。幼龄期稍耐阴，中龄期后偏喜光，属深根性树种。喜温、喜湿、喜肥，抗风性较弱，造林地宜选择在北回归线以南且土层疏松深厚、肥沃湿润的北坡中下部，避免种植于山脊和风口区域。可与红花木莲（*Manglietia insignis*）等阔叶树种进行混交，并构成多树种组成的生态公益林。也可与青皮（*Vatica mangachapoi*）、坡垒等树种混交种植，是针叶纯林或低效林改造的优良树种。

⑪ 火力楠 Michelia macclurei Dandy

木兰科 Magnoliaceae
含笑属 Michelia

乔木，高可达 30 m（图 1-23）。一般生长于海拔 500~1000 m 的常绿阔叶林中，有较强抗风和防火性能。喜光，喜温暖湿润气候，适应性强，生长迅速，耐寒，耐旱，栽培地全日照或半日照均能正常生长。喜肥，适生于由花岗岩、板岩、砂页岩风化后形成的红壤、赤红壤和黄壤，不适合在盐碱性土壤生长，喜土层深厚、富含有机质、土壤疏松的中性至酸性土壤。造林地以土壤肥沃、透水性好、土层较厚、空气湿润的谷底或中下坡为宜。适合与木荷、米老排、山杜英、乐昌含笑等树种混交种植，可根据造林目的，选择合理的造林模式营造混交林，对低产林改造、改善林地立地环境具有明显的效果，亦可种植在防火林带旁。

图1-23　火力楠

⑫ 格木 *Erythrophleum fordii* Oliv.

（别名：赤叶柴、斗登风）

豆科 Leguminosae　　格木属 *Erythrophleum*

乔木，高可达 30 m（图 1-24）。生长在 800 m 以下的低山丘陵山坡下部和山谷地带。喜温暖湿润气候，分布区年均气温 19.2~22.1℃，极端最高气温 40.5℃，极端最低气温 -6℃，年降水量 1500~2000 mm，相对湿度 78% 以上，土壤为砖红壤或红壤。在土层深厚、湿润肥沃的土壤上生长正常，在干旱、瘠薄地方生长不良。幼龄稍耐阴，

图1-24　格木

中龄后喜光，不耐寒，幼树幼苗常因霜冻而枯梢，频繁的重霜天气可导致死亡。造林时应当选择山地的山坡中下部及丘陵、台地，土层选择较深厚、肥沃、湿润、排水良好的轻黏土或砂质壤土。幼树期间受蛀梢害虫为害的影响较大，不适宜营造纯林，宜与其他树种如火力楠、枫香、西南桦（*Betula alnoides*）、米老排等混交，或用于林下套种。还可与木荷、红锥、马尾松等用材树种混交，混交方法可用行间混交。

⑬ 坡垒 *Hopea hainanensis* Merr. & Chun

（别名：海梅、石梓公、万年木）

龙脑香科 Dipterocarpaceae

坡垒属 *Hopea*

乔木，高可达 20 m（图 1-25）。具白色芳香树脂；树皮灰白色或褐色，具白色皮孔。适应炎热、静风、湿润以至潮湿的生境。分布受低温的限制，极端最低气温在 3℃ 以下，并出现连续 2~3 天的凝霜，幼苗地上部分会冻伤，在没有霜冻地区，则长势良好。生长环境的土壤以砂质或花岗岩作为母质而发育成为砖红壤为代表的类型，随着海拔高度的增加不断过渡为山地红壤，土壤pH值在 4.67~5.63。造林地选择在山谷和山腰以下温暖而阴凉的环境，土层深厚、肥沃湿润的立地。前期生长缓慢，可与生长较快的红锥等树种混种，形成混交林。

图1-25　坡垒

⑭ 枫香 *Liquidambar formosana* Hance

蕈树科 Altingiaceae

枫香树属 *Liquidambar*

落叶乔木植物。植株高大；花期3~4月，果期10月。

喜温暖湿润气候，性喜光，幼树稍耐阴；耐干旱瘠薄土壤，不耐水涝；在湿润肥沃而深厚的红壤、黄壤土上生长良好；多生于平地、村落附近以及低山的次生林。一般采用播种方式进行繁殖。

图1-26　枫香

⑮ 红花天料木 *Homalium ceylanicum* (Gardner) Benth.

（别名：母生、红花母生、高根、山红罗、光叶天料木、老挝天料木）

杨柳科 Salicaceae

天料木属 *Homalium*

大乔木，高达25 m（图1-27）。树干通直。喜光，幼树稍耐阴。适生于年均气温22~24℃、年降水量1500~2400 mm 的地区。适应性较强，较耐旱、耐贫瘠，幼树能耐-2℃低温。喜肥沃、疏松、排水良好的土壤，在坡度较缓、土层深厚、腐殖质丰富的土壤生长良好。根系发达，具抗风能力。可营造纯林，根据其幼树稍耐阴的特性，也可作为马尾松、杉木、相思等纯林的改造目标树种，混交造林，以星状或行状混交为宜。

图1-27　红花天料木

第二章
国内外森林质量提升研究进展

根据 2020 年全球森林资源评估（FAO，2020）统计资料，全球森林总面积为 40.6 亿 hm^2，占陆地总面积的 31%。对分布的气候带而言，热带地区森林占世界森林比例最大，为 45%，寒带、温带和亚热带森林所占比例分别为 27%、16% 和 11%。对分布的国家而言，以俄罗斯分布面积最大，为 8.15 亿 hm^2，其次为巴西 4.97 亿 hm^2、加拿大 3.47 亿 hm^2、美国 3.10 亿 hm^2 和中国 2.20 亿 hm^2，上述 5 个国家森林面积之和占全球森林总面积的 54%。在时间尺度上，全球森林资源还表现为单位面积蓄积量持续增加，而总蓄积量略有下降的特点。1990—2020 年，全球森林单位面积蓄积量从 132 m^3/hm^2 上升到 137 m^3/hm^2，总蓄积量从 5600 亿 m^3 降至 5570 亿 m^3。全球森林总蓄积量的降低主要与森林面积的净减少有关。因此，在有限的森林面积下，如何提高单位面积蓄积量已成为全球普遍关注的问题。除与气候和森林自身属性有关外，更应注重对森林的科学管理。据统计，全球超过 20 亿 hm^2 的森林有管理计划，其中欧洲 96% 的森林具有管理计划，亚洲 64% 的森林具有管理计划，而非洲和南美洲均只有 20% 左右的森林具有管理计划。

近年来，随着经济的快速发展和政府对生态环境的高度重视，我国的林业已进入数量和质量并重的新阶段（张会儒等，2019；黄莉雅等，2023）。根据第九次全国森林资源清查结果，我国现有森林面积 22044.62 万 hm^2，森林蓄积量 175.60 亿 m^3，森林覆盖率 22.96%（国家林业和草原局，2019）。与第八次全国森林资源清查结果相比，全国森林面积净增 1266.14 万 hm^2，全国森林蓄积量净增 22.79 亿 m^3，森林覆盖率提高 1.33 个百分点。在取得增长的同时，我国林业发展仍面临人工林质量差以及天然林低质化等突出问题（张会儒等，2019）。如何通过科学化管理进而促进人工林及低质低效次生林的质量提升，对于维护国土生态安全和实现中华民族永续发展意义重大。

第一节　森林质量提升的内涵和理论基础

一、森林质量的内涵

森林质量是反映森林生态系统健康程度和功能完整性的一种综合指标，主要从生态、社会和经济等方面体现着森林的功能及价值（张会儒等，2019；邢丽娜，2020）。森林质量提升的目标是确保森林生态系统的健康、多功能性和可持续性。通过合理的管理和保护，可以实现森林资源的可持续利用，同时维护地球生态平衡，促进生态系统服务的提供，为社会和经济发展带来长期益处。

森林质量评价是指导森林经营活动以及实现森林可持续经营目标的重要手段。依据森林资源调查和监测数据，建立森林质量评价指标体系，科学、有效、及时地进行森林质量评价，反映森林资源质量现状和变化趋势，制定科学合理的森林经营措施和方案，能更好地提升森林质量并促进和实现森林资源可持续经营（石春娜等，2007；黄莉雅等，2023）。

科学开展森林质量评价工作，是衡量森林质量精准提升成效的基础。在全球尺度上，《全球森林资源评估报告》和可持续发展目标（FAO，2020），是联合国193个成员国于2015年9月通过，预计在2016—2030年期间行动的《2030年可持续发展议程》的17个可持续发展目标。该目标规定了全球指标框架，包括232个指标，森林在可持续发展的目标中至关重要。其中可持续森林管理主要通过5个子指标来衡量，包括森林面积年净变化率、森林地上生物量蓄积量、保护区的森林面积比例、长期森林管理计划下的面积比例和森林面积。在国家层面，我国《第九次森林资源清查报告》把森林每公顷蓄积量、每公顷年均生长量、每公顷株数、平均胸径、近成过熟林面积比例、混交林面积比例，以及全国森林植被总生物量和碳储量、年涵养水源量、年固土量、年保肥量、年吸收污染物量和年滞尘量等生态功能作为森林质量指标（国家林业和草原局，2019）。

二、森林质量提升的理论基础

森林质量提升的理论涉及水土气生等多种生态因子，概括起来主要分为两个方面，即生态学理论和林学理论。生态学理论主要涉及生态位理论、群落演替理论、森林干扰理论和生物与环境的相互作用等。林学理论主要涉及近自然经营、多功能经营、分类经营和森林可持续经营等。

（一）生态学理论

1. 生态位理论

生态位理论是生态学中解释物种共存最为重要的理论之一。生态位理论认为不同物种采取不同的生态策略，正是由于这种生态策略的差异驱动着它们资源利用方式的不同，进而实现了物种共存（陈磊等，2014；Chesson，2000；Weiher et al.，1995；MacArthur et al.，1967）。由于生态位理论充分考虑了不同物种在群落中的时空位置及其相互关系，充分理解不同树种的生态位特征，可以为森林质量提升过程中树种的选择和配置提供科学依据（盘李军等，2023）。充分考虑不同物种的生活型、生长速率和功能特征等，通过在不同时空尺度进行合理配置，有助于提升森林群落稳定性、提高森林生产力、促进生物多样性恢复，最终实现森林质量的提升。

2. 群落演替理论

世界上的一切事物都处于永恒的运动、变化和发展之中，森林亦不例外。在一定区域内，森林群落随着时间的变化逐渐从量的积累到产生质变，进而从一种类型转变为另一种类型的过程，即为群落演替（彭少麟等，1995）。从群落演替的发展方向而言，主要分为进展演替和逆行演替（余作岳等，1999）。所谓进展演替，是指植物群落由低级阶段向高级阶段发展的过程。在此过程中，不仅伴随着土壤养分含量、物种多样性和森林生产力的增加，群落结构也会变得更为复杂。在提高了群落环境适应能力的同时，也促进了群落稳定性的增加（张会儒等，2019）。现有研究表明，不同的经营方式和强度会导致不同的结果。例如，乱砍滥伐会破坏植被，导致森林功能下降。运用森林群落演替规律来指导森林经营，既能有效利用森林资源，又能防止群落向低质量类型的逆行演替。当前研究发现，适度的间伐干预和引入不同来源的阔叶树种可以加速油松（*Pinus tabuliformis*）单层同龄纯林向复层异龄混交林的演替过程（石丽丽等，2013）；轻度和中度间伐能够有效提高东北阔叶红松（*Pinus koraiensis*）林保留木低竞争株数比例，促进保留木的生长（黄伟程等，2023）。因此，森林质量提升过程，应特别注重群落演替方向的把控，避免群落逆行演替。总体而言，通过控制演替的过程和发展方向，人为促进人工林和天然次生林的进展演替，是短时间内提升森林质量的有效途径（张会儒等，2019）。

3. 森林干扰理论

经典的森林干扰理论，尤其是中度干扰假说，强调了中等程度的干扰频率在维持较高水平物种多样性的过程中具有重要作用（Connell，1978）。根据这一假说，当干扰频率过低时，具有较强竞争能力的演替后期物种主导群落构建；当干扰频率过高时，具有强侵入能力和生长速率高的先锋物种主导群落构建；而只有在中度干扰频率下，先锋物种和演替后期物种的共存概率得以实现最大化，最终维持了森林群落较高水平的物种多样性（张会儒等，2019；Roxburgh et al.，2004）。总体而言，森林质量提升过程中要避免森林发生火灾或者大面积砍伐等人为干扰，这种短时间内生态位空间的过度释放既不利于生物多样性的维持，也不利于资源的充分利用。

因此,将森林经营控制在中等强度以内为宜(李建等,2017)。

4. 生物与环境的相互作用

不同环境因子对生物具有不同的作用,明确特定区域内的主导因子对于森林质量提升具有重要意义(张会儒等,2019)。光照和温度是主导生态因子之一,对森林植被的生长和分布具有重要影响(李俊清,2006)。在森林质量提升过程中,要充分考虑光照和温度条件以优化树种的选择和植被管理,进而提高森林的健康程度和生产力。在干旱地区,当水分成为主导因子时,要通过合理灌溉和土壤水分管理,以维持植被的健康状态(常学向等,2023)。土壤性质,如土壤养分、质地和pH值等,对于不同树种的生长和土壤健康至关重要(卜文圣等,2013)。通过土壤改良和适当的施肥措施,可以改善土壤条件,促进森林生长。需要指出的是,生物并不只有单纯的响应环境变化的能力,其生存和发展也会改变环境因子的状况(黄彩凤等,2021)。因此,对森林的规划和管理仍需要着眼长远,通过充分考虑群落演替过程中生物与环境的相互作用规律,进而既生态又经济地促进森林质量提升。

(二)林学理论

森林资源是森林所有效益的基础(唐守正,2013)。森林质量不高,是我国林业最突出的问题。提高森林质量,关键在于加强森林经营。由于我国森林类型众多,且各林分的生长发育阶段存在差异,因此,森林质量提升过程需要根据各类森林的生长发育规律,采取适宜的森林经营措施(张会儒等,2019)。需要指出的是,不能把森林经营简单地理解为抚育采伐(唐守正,2013)。森林经营的原则是模拟森林自然且连续的发展过程,通过参照地带性顶级群落,清除干扰树、保留伴生树和培育目的树等措施,以建立健康稳定、优质高效的森林生态系统,最终实现森林供给、服务、调节和支持等多种功能的提升(唐守正,2013)。

1. 近自然经营

1898年,德国林学家嘎耶(Gayer)率先提出了近自然林业(Close-to-nature forestry)经营思想。近自然经营的核心即按照森林的自然发展规律,制订科学具体的森林质量提升措施,宜封则封、宜抚则抚、宜荒则荒、宜造则造(陈爱桃等,2023)。作为一种森林经营方法,近自然经营对森林生命周期的完整性给予了高度重视,通过对森林特定物种和层次的经营,保持了森林内部生态结构,进而实现森林的自然演替过程。近自然经营坚持的原则:①自然更新为主,人工更新为辅;②坚持适地适树原则,着力营建异龄林、复层林和混交林;③最大程度减少皆伐作业,适当采取间伐等措施;④从关注种植密度到关注立木个体生长(刘珉,2017)。随着近自然经营理念的成熟和发展,现已成为森林质量提升的一项有力举措(聂永胜,2023)。

2. 多功能经营

根据《联合国千年生态系统评估报告》并结合我国实际,《全国森林经营规划》

(2016—2050年)将森林主导功能分为林产品供给、生态保护调节、生态文化服务和生态系统支持四大类。尽管每一片森林均同时具有多种功能属性，但从科学利用的角度出发，在不同时空尺度下，可根据不同功能的相对重要性合理确定主导功能和辅助功能。森林多功能经营就是在充分发挥森林主导功能的前提下，通过科学规划和合理经营，同时发挥森林的其他功能，使森林的整体效益得到优化，其对象主要是"多功能森林"，经营的目标是培育异龄、混交、复层的多功能森林（张会儒等，2019）。

3. 分类经营

根据森林所处的生态区位、自然条件、主导功能和分类经营的要求，《全国森林经营规划（2016—2050年）》将森林经营类型分为严格保育的公益林、多功能经营的兼用林和集约经营的商品林（国家林业局，2018）。

严格保育的公益林，主要是指国家Ⅰ级公益林，是分布于国家重要生态功能区内，对国土生态安全、生物多样性保护和经济社会可持续发展具有重要的生态保障作用，发挥森林的生态保护调节、生态文化服务或生态系统支持功能等主导功能的森林。这类森林应予以特殊保护，突出自然修复和抚育经营，严格控制生产性经营活动。

多功能经营的兼用林，包括生态服务为主导功能的兼用林和林产品生产为主导功能的兼用林。生态服务为主导功能的兼用林包括国家Ⅱ、Ⅲ级公益林和地方公益林，分布于生态区位重要、生态环境脆弱地区，发挥生态保护调节、生态文化服务或生态系统支持等主导功能，兼顾林产品生产。这类森林应以修复生态环境、构建生态屏障为主要经营目的，严控林地流失，强化森林管护，加强抚育经营，围绕增强森林生态功能开展经营活动。林产品生产为主导功能的兼用林包括一般用材林和部分经济林，以及国家和地方规划发展的木材战略储备基地，是分布于水热条件较好区域，以保护和培育珍贵树种、大径级用材林和特色经济林资源，兼顾生态保护调节、生态文化服务或生态系统支持功能的森林。这类森林应以挖掘林地生产潜力，培育高品质、高价值木材，提供优质林产品为主要经营目的，同时要维护森林生态服务功能，围绕森林提质增效开展经营活动。

集约经营的商品林，包括速生丰产用材林、短轮伐期用材林、生物质能源林和部分优势特色经济林等，是分布于自然条件优越、立地质量好、地势平缓、交通便利的区域，以培育短周期纸浆材、人造板材以及生物质能源和优势特色经济林果等，保障木（竹）材、木本粮油、木本药材、干鲜果品等林产品供给为主要经营目的的森林。这类森林应充分发挥林地生产潜力，提高林地产出率，同时考虑生态环境约束，开展集约经营活动。

4. 森林可持续经营

现代森林经营强调资源的可持续利用，确保不损害未来世代的需求。这意味着采伐和其他森林经营活动应该在可再生的速度内进行，以维持森林的健康和完整性。此外，现代森林经营还应认识到森林收获仅是森林经营的一个结果，而不是森林经营的目的，这就从理论上解决了森林保护与利用的关系（唐守正，2013）。森林的可持续经营，需要针对特定森林类型的某个发展阶段采取特定的经营措施和标准，通过逐步总结完善个性技术，最终汇集成我国森林经营完整的技术体系，是精准提升森林质量的必然要求（唐守正，2013）。

第二节　国外森林质量提升

尽管不同国家林业发展现状不一，但其森林经营历史却较为相似，即主要表现为由最初的单纯以木材生产为主向森林多效益经营或可持续的森林生态系统经营等模式转变。这种森林经营模式的转变除与人类对自然认知程度的提升有关外，还取决于各国的经济发展状况。目前研究认为，世界上绝大部分国家已处于森林多效益经营模式阶段，而少数发达国家如美国和加拿大等已经进入可持续发展的生态系统经营阶段，其余各国也随之跟进（吴涛，2012）。在上述研究基础上，本节将通过对德国、澳大利亚、日本和美国等国家的典型森林经营模式进行介绍，进而概述国外森林质量提升的相关工作。

一、德国的森林经营模式

德国对森林尤为重视，其森林经营理念一定程度上反映着当今世界的先进水平（李金刚等，2009）。森林经理学和法正林理论都起源于德国，并一度成为世界各国经营森林的参考范式（孙友等，2008）。随着工业水平和经济的飞速发展，德国提出"近自然林业"经营理念，并在实践中依据该理念开展森林经营活动。总体而言，德国的森林经营技术可归纳为以下5个方面。

（1）遵循适地适树原则，大力开展乡土树种造林（刘珉，2017）。

（2）开展保育式的目标树经营，包括保育式造林法和保育式疏伐法（吴涛，2012）。保育式造林法要求不炼山，以保育幼苗和幼树的种类及数量；其次小规格整地后，先稀植，并根据立地情况确定造林密度，以利于阔叶树种的引入。保育式疏伐法，即通过在林内较均匀地开小林窗，并仅对部分林下草本和灌木进行清理，以便为天然更新创造条件（林思祖等，2001）。该方法不仅保证了目的树种林分的合理性，同时也促进了林下幼苗和幼树的更新。

（3）在采伐量方面，各州均按照不超过生长量确定采伐限额。在采伐方式上，主要采取带状、小块状皆伐或择伐（吴涛，2012）。

（4）对采伐后的森林及时予以更新，并综合森林现状，以天然更新为主，人工促进天然更新和人工更新为辅，最大程度地发挥现有林地的多种生态功能（张志达等，1999）。

（5）针对不同类型的人工林开展差异化的近自然改造。例如，对密度较高且天然更新困难的人工纯林，采取团状采伐、单株择伐或创造林窗等方式促进更新，并模拟天然植被结构，通过人工补植进而形成近自然混交林。对更新能力较强的人工林，采取疏伐方式促进幼苗和幼树的生长，进而促进其向近自然林的演替（杨学云，2005；吴涛，2012）。

二、澳大利亚的森林经营模式

澳大利亚是世界上人均拥有森林面积最多的国家之一，人均达 7 hm^2（陈健波等，2010）。澳大利亚平均海拔不到 300 m，是世界上最平坦的国家之一（黄东等，2010）。由于其四面环海，因此森林发挥了重要的沿海防护作用。以澳大利亚等为代表的森林多效益主导利用模式的经营对象包括两个方面，即发挥生态效益和社会效益为主的非生产用林及提供木材发挥经济效益为主的生产用林，进而针对不同地区、不同林分和不同树种，采取差异化的经营手段（吴涛，2012）。澳大利亚森林经营技术可主要归纳为以下 4 个方面。

（1）在营林之前，要求对林地开展规划设计和林地清理工作，并基于适地适树和生态优先等原则，筛选适宜的乡土树种（赵良平等，2004）。

（2）天然林主要通过自然选择实现疏林，但是对于具有重要价值的林木仍需要依靠人为疏伐促进木材质量的提高（高均凯，2007；吴涛，2012）。澳大利亚人工林需要开展森林抚育，即在人工林建造初期，通过除草割灌、定株修枝和抚育间伐等措施开展集约管理，以保证主伐时的木材质量。

（3）实行基于减小对环境影响的生态采伐方式，并且其天然林的采伐周期为 80 年（张会儒，2007；陈健波等，2010）。对于生境质量良好且适于天然更新区域的天然林，通常允许开展小面积的皆伐作业。对于生境质量较为严苛区域的天然林，一般只允许开展择伐作业（吴涛，2012）。需要指出，天然林择伐需要在保留原有 40%~50% 树冠郁闭度的基础上，对目的树种开展人工补植工作。

（4）为了充分发挥森林的经济、生态和社会效益，澳大利亚的森林更新方式主要依据主伐方式和伐区环境进行确定（吴涛，2012）。对于实行皆伐的森林，主要开展人工更新，只有在诸如临近保护区等特定区域，因为需要考虑森林景观连续性等因素，才会采用天然更新。对于实行择伐的森林，主要开展天然更新。

三、日本的森林经营模式

以日本为代表的森林多效益综合利用经营模式在景观尺度上实现了区域化和社会化管理，其森林经营技术可主要归纳为以下 3 个方面。

（1）提倡营造阔叶林和复层林。主要措施包括：对林地生产力低的单层林以及不应进行皆伐的森林采取间伐和择伐，以促进演替为阔叶复层林；对于部分天然林，通过人工促进天然更新等措施，使其发展为复层林（吴涛，2012）。

（2）更新和采伐因不同森林类型而异。对于天然林，主要开展择伐作业，通过采伐衰弱木、保留健康木并控制约 20% 的采伐率，以确保林分健康并维持生产力（吴涛，2012）。对于人工林，提倡营建同龄复层林，采伐周期 5~10 年，采伐率介于 20%~30%。人工林主要以人工更新为主，人工促进天然更新为辅。

（3）建设生态林道。1955 年生效的《林道条例》规定，日本林道主干道和经营道要求能够通行 10 t 以上的货车，而作业道只能通行小型车（吴涛，2012）。该模式既对森林的干扰程度设置了一定限制，同时也促进了森林作业效率的提高。

四、美国的森林经营模式

以美国为代表的发达国家已经步入以森林经济、生态和社会效益等多目标为主的可持续发展生态系统经营阶段，其森林经营目标是保持和改善森林生态系统的健康及稳定。美国森林经营技术可主要归纳为以下 3 个方面。

（1）美国森林生态系统经营要求采用混合乡土树种进行造林，通过营造高质量的混交复层异龄林，以实现土壤的改良和促进生物多样性的恢复（罗兴惠，2002）。

（2）通过疏伐、卫生伐和修枝割灌等森林抚育措施，保证生态系统的健康和稳定（吴涛，2012）。

（3）基于择伐、渐伐与更新相结合的原则，美国在森林采伐前便十分注重对林内植被和树种进行保留，并通过保留枯立木和风倒木等，尽量使其维持原始状态的复杂性、整体性和健康性，以最大限度地发挥森林的生态效益（吴涛，2012）。此外，在进行森林采伐后，主要通过渐伐等方式促进森林更新。

需要指出的是，除各国采取的森林经营方式外，由于森林具有生长周期长、生态系统结构复杂以及影响因子繁多等特点，政策支持尤为重要。在技术优势基础上，通过政策的引导和支持，森林质量提升工作才能够做实做强。

第三节　国内森林质量提升

森林是现代林业建设的物质基础，增加森林资源总量、提升森林质量是充分发挥林业多种功能的根本保证。第九次全国森林资源清查数据显示，全国森林覆盖率为 22.96%，森林面积 22044.62 万 hm^2，森林蓄积量 175.60 亿 m^3（国家林业和草原局，2019）。在取得成绩的同时也应认识到，"重造轻管、重采轻育、重量轻质"等现象在森林经营过程中依然存在（王宇飞等，2022），森林资源质量不高、效益低下、功能脆弱，仍是我国林业面临的最突出问题。现阶段，我国乔木林平均蓄积量约为 89.79 m^3/hm^2，不到德国等林业发达国家的 1/3，仅占世界平均水平 108 m^3/hm^2 的 84%；森林年均生长量约为 4.23 m^3/hm^2，只有林业发达国家的 1/2 左右（张会儒等，2019）。森林采伐消耗的 3/4 为中小径材，木材直接经济价值低；每公顷森林每年提供的主要生态服务价值仅 6.1 万元，只相当于日本等国家的 40%（邓海燕等，2017）。由此可见，森林质量提升工作任重道远。

为确保经济保持中高速发展，满足经济社会发展对木材等林产品的持续刚性需求，必须通过森林质量提升，不断增加木材等林产品的有效供给，充分发挥森林多种功能，实现生态保护和木材生产双赢，大幅提升林业支撑经济社会可持续发展的能力。我国地域辽阔，森林类型多样，具备培育优质高效森林的林地和树种等天然禀赋。研究实验表明，通过科学地开展森林经营，我国北方森林的生产潜力可达年均生长量 7 m^3/hm^2，南方可达 15~20 m^3/hm^2。此外，生产实践也已证明，经过科学合理抚育的乔木林，其单位面积蓄积量可增加 20%~40%。由此可见，我国森林质量增长潜力巨大，森林质量大幅提升是完全能够实现的。下面从发展理念和森林质量提升关键环节等方面简要介绍国内森林质量提升的概况。

一、发展理念

党的十八大以来，习近平总书记围绕生态文明建设作出一系列重要论断，形成了习近平生态文明思想。为深入贯彻习近平生态文明思想，全国上下牢固树立和践行绿水青山就是金山银山的理念，坚持山水林田湖草沙一体化保护和系统治理，开展了一系列根本性、开创性、长远性工作。以广东省为例，2022 年 12 月 8 日，中国共产党广东省第十三届委员会第二次全体会议通过《关于深入推进绿美广东生态建设的决定》，明确到 2027 年年底，全省完成林分优化提升 1000 万亩、森林抚育提升 1000 万亩，森林结构明显改善，森林质量持续提高，生物多样性得到有效保护，城乡绿美环境显著优化，绿色惠民利民成效更加突显，全域建成国家森林城市，率先建成国家公园、国家植物园"双园"之省，绿美广东生态建设取得积极进展。到 2035 年，全省完成林分优化提升 1500 万亩、森林抚育提升 3000 万亩，混交林比例达到 60% 以上，森林结构更加优化，森林单位面积蓄积量大幅度提高，森林生态系统多样性、稳定性、持续性显著增强，多树种、多层次、多色彩的森林植被成为南粤秀美山川的鲜明底色，天蓝、地绿、水清、景美的生态画卷成为广东亮丽名片，绿美生态成为普惠的民生福祉，建成人与自然和谐共生的绿美广东样板。

二、森林质量提升关键环节

开展森林质量提升，需要采用科学的森林培育和森林经营措施，通过选择优质种质资源和改善森林结构等措施，促进森林生长和进展演替，进而增强森林的供给、调节、文化和支持功能。总体而言，国内森林质量提升关键环节可概括为森林经营规划、立地质量评价、林木种质资源保存与利用、森林作业法实施、森林经营监测与评价等 5 个方面。

(一) 森林经营规划

森林经营不仅是林业发展的永恒主题,更是提高森林质量和建立健康稳定高效森林生态系统的重要手段(张会儒等,2019;胡中洋等,2020)。我国的森林经营规划历史最早可追溯至20世纪30年代,经过几十年的发展,陆续颁布了《森林经营方案编制实施纲要(试行)》《森林经营方案编制与实施规范(LY/T 2007—2012)》和《简明森林经营方案编制技术规程(LY/T 2008—2012)》,为全面加强森林经营工作指明了方向。2016—2018年,通过编制《全国森林经营规划(2016—2050年)》《省级森林经营规划编制指南》和《县级森林经营规划编制规范》等技术规程,构建了涵盖全国、省、县三级森林经营规划体系。

全国森林经营规划统筹考虑各地森林资源状况、地理区位、森林植被、经营状况和发展方向等,把全国划分为大兴安岭寒温带针叶林经营区、东北中温带针阔混交林经营区、华北暖温带落叶阔叶林经营区、南方亚热带常绿阔叶林和针阔混交林经营区、南方热带季雨林和雨林经营区、云贵高原亚热带针叶林经营区、青藏高原暗针叶林经营区、北方草原荒漠温带针叶林和落叶阔叶林经营区等8个经营区。南方亚热带常绿阔叶林和针阔混交林经营区是林地面积最大的经营区,约占全国林地面积35%;同时,也是森林经营任务最重的区,规划造林和更新造林2921万hm^2,占全国总任务的32%;规划森林抚育和退化林修复17398万hm^2,占全国总任务的47%。广东省除了湛江市列入南方热带季雨林和雨林经营区外,其他全部县区均属南方亚热带常绿阔叶林和针阔混交林经营区。各经营区按照生态区位、森林类型和经营状况,因地制宜确定经营方向,制定经营策略,明确经营目标,实施科学经营。

广东森林经营规划在全国经营区框架控制下,以区域生态需求、制约性自然条件、森林资源现状为依据,综合考虑当地森林主导功能及社会经济发展对森林经营的要求,把全省划分为粤北石漠化山地常绿阔叶林与针阔混交林经营亚区、粤北山地丘陵水源涵养林与一般用材林经营亚区、环珠三角山地丘陵水源涵养林与大径级用材林经营亚区、珠三角平原丘陵生态风景林与江河防护林经营亚区、粤东山地丘陵水土保持林与特色经济林经营亚区、粤西山地丘陵水源涵养林与工业原料林经营亚区、雷州半岛台地热带季雨林与生态修复经营亚区、自然保护区林与大径材林经营亚区、沿海地区基干林带经营亚区共9个经营亚区。自然保护区林与大径材林经营亚区呈点状分布,沿海地区基干林带经营亚区呈线状分布,均包含在其他7个经营亚区内,构成点、线、面相结合的森林经营总体布局。全省森林经营目标定位包括:①保护生物多样性,提升生态系统多样性、稳定性、持续性,维护区域生态安全;②实施生态修复,建设水源林、沿海防护林,推进石漠化综合治理,满足全省经济社会高质量发展的生态需求;③实施森林集约经营,精准提升森林质量,提高混交林比例和中大径材、珍贵树种比例,保障国家木材战略安全。

县级森林经营规划是指导县域内森林进行可持续经营管理的纲领性文件,在落实省级森林经营规划的目标和任务的前提下，结合县域内森林经营实际对森林经营分区、分类、作业法等进行划分并落实到山头地块，是各级森林经营主体编制执行森林经营方案、进行森林经营决策和实施经营措施的重要依据，具有十分重要的实践意义。广东积极推动县级森林经营规划编制工作，要求全省各地要将省级森林经营规划中确定的建设任务、近期重点项目工程等落实到县级规划中，将森林经营分区、经营分类、规划任务和推荐的作业法落实到小班，实现县级规划与省级规划衔接。根据省级森林经营亚区划分成果，统筹考虑县域生态需求、森林类型、经营方向等，合理确定县域森林经营分区，细化完善县域内主要森林类型关键经营技术和森林作业法体系，明确经营策略，做到因林施策，精准提升森林质量。

（二）立地质量评价

立地质量是指影响森林和其他植被生产力的环境条件的总和，包括气候、土壤和地形等非生物因子以及各种生物因子。立地质量是林木生长的主要限制因素之一，针对不同气候区、不同生境以及树种功能特征等开展综合性森林立地质量精准评价工作，不仅是对适地适树原则的有效拓展，同时更有助于促进科学森林经营的实现（张会儒等，2019）。

立地质量评价指的是对林地生产潜力的评估。我国关于立地质量评价的研究和实践始于20世纪50年代，当时主要采用苏联立地学派以及林型学派的理论和方法，对一些原始林区进行了分类（吴菲，2010）。20世纪60年代以后，在吸收德国和美国等先进经验的基础上，通过结合我国特色开创了新的立地分类和质量评价途径（张会儒等，2019）。20世纪80年代以后，我国在南方十四省份开展并完成了杉木生产区的区划以及立地分类与评价工作（南方十四省杉木栽培科研协作组，1981）。此后，《森林收获量预报：英国人工林经营技术体系》（詹昭宁等，1986）、《中国森林立地分类系统》（张万儒等，1992）以及《中国森林立地》（张万儒，1997）等著作的相继出版，标志着关于立地质量评价的研究逐渐引起广泛关注。当前我国的立地质量评价研究工作进入了全面系统的发展阶段，在多学科逐渐融合的背景下，不仅丰富了分析评价因子，各种分析评价模型也日趋完善。目前已形成了由数量化地位指数表、树种地位指数转换表、多型地位指数表、立地形、综合立地指数、生长截距、去皮直径生长曲线渐进参数和林分潜在生长量等构成的立地质量评价体系（张会儒等，2019）。例如，陈昌雄等（2009）以常绿阔叶林的优势高作为响应变量，以海拔、坡度、土壤类型等立地因子作为预测变量，建立岭回归模型，并筛选出最优模型和森林优势高的主要影响因子，编制了符合精度要求的数量化地位指数表；赵文华等（2001）利用数学优化的方法对辽宁的日本落叶松纸浆林进行了模型模拟，编制了满足应用的日本落叶松多型地位指数表，在基准年龄为20年时，复相关系数大于0.999。传统的立地质量评价方法主要通过解析木、临时样地或固定样地调查获得林分的年龄和优势高，并与土壤类型、土壤厚度等土壤因子和海拔、坡向、坡度等地形因子进行建模。局域尺度的立地质量评价通常使用基于地面调查数据的传统评价方法，效果较好。然而，用基于地面调查数据的传统方法评价区域尺度的立地质量则由于调查范围广、工作量大等问题导致经济成本、时间成本和人力成本较高，不利于大尺度立地质量评价的发展。为此，学者们开发了基于遥感技术和机器学习的便捷评价方法，可行性高、成本低，大力推动了大尺度立地质量评价的发展。例如，巩垠熙等（2013）以落叶松林为研究对象，以遥感影像技术获取遥感因子和立地因子作为自变量，以地位指数作为因变量，并使用向后传播的人工神经网络进行建模，评价落叶松林的立地质量，取得了超过90%的预测精度。

（三）林木种质资源保存与利用

林木种质资源不仅是发展林业的基础性资源，也是国家战略性资源。基于此，我国也将林木种质资源列为林业工作的重中之重（安元强等，2016）。自20世纪80年代以来，我国持续推进林木种质资源研究工作。2002年以来，已在国家层面将林木种质资源清查工作纳入议事日程。此后，《林木种质资源管理办法》《林木种质资源调查技术规程（试行）》以及《全国林木种质资源调查收集与保存利用规划（2014—2025年）》的颁布，标志着我国在种质资源保存、保育和利用方面不断迈向新台阶。为有效加快林木良种化进程，推进种苗事业高质量发展，广东省强化林木种质资源保护利用，提高林木种苗基地建设管理水平，截至目前，已建设12个林木良种基地，其中国家级林木良种基地9个，省级林木良种基地3个；建设林木种质资源库17个，其中国家级林木种质资源库6个，省级林木种质资源库9个；审定、认定良种148个，包括红锥、鳘蕌、木荷、杉木等乡土阔叶树种的优良家系。

（四）森林作业法实施

森林作业法是根据特定森林类型的立地环境、主导功能、经营目标和林分特征所采取的造林、抚育、改造、采伐、更新造林等一系列技术措施的综合。由于我国幅员辽阔，地跨不同气候区且涵盖多种森林类型，加之对森林目标功能定位存在差异等，这就决定了需要采用不同森林作业法分类。基于森林树种生物学特性和起源划分，包括乔林作业法、矮林作业法、中林作业法、竹林作业法和其他特殊作业法。基于采伐和更新方式划分，包括皆伐作业法、渐伐作业法和择伐作业法。基于产品类型和经营目标划分，包括用材主导的森林作业法、经济林作业法和生态景观林作业法（陆元昌等，2021）。总体而言，上述森林作业法既体现了森林在物质生产方面的直接功能，同时也兼顾了森林自身稳定性的维持以及其他生态服务功能的实现。

根据广东省森林资源实际和森林经营特点，将森林作业法划分为以下8类。①保护经营作业法，以自然修复、严格保护为主，原则上不得开展木材生产性经营活动，天然更新不足的情况下可进行必要的补植等人工辅助措施，在特殊情况下可采取低强度的森林抚育措施。②单株木择伐作业法，对划分的目标树、干扰树、辅助树（生态目标树）和其他树（一般林木），选择目标树、标记采伐干扰树、保护辅助树，最终以单株木择伐方式利用达到目标直径的成熟目标树。③群团状择伐作业法，以收获林木的树种类型或胸径为主要采伐作业参数，群团状采伐利用符合要求的林木，形成林窗，结合群团状补植等措施，建成具有不同年龄阶段的从更新幼树到百年以上成熟林木的异龄复层混交林。④伞状渐伐作业法，以培育相对同龄林，利用天然更新能力强的阔叶树种培育高品质木材的永续林经营体系。⑤带状渐伐作业法，以条带状方式采伐成熟的林木（每次采伐作业的带宽为1~1.5倍树高范围），利用林隙或林缘效应实现种子传播更新，并提高光照来激发林木的天然更新能力，实现林分更新，是培育高品质林木的经营技术体系。⑥镶嵌式皆伐作业法，在一个经营单元内以块状镶嵌方式同时培育2个以上树种的同龄林；更新造林和主伐利用时，每次作业面积不超过2 hm^2；皆伐后采用不同的树种人工造林更新或人工促进天然更新恢复森林。⑦一般皆伐作业法，通过植苗或播种方式造林，幼林阶段采取割灌、除草、浇水、施肥等措施提高造林成活率和促进林木早期生长。对达到轮伐期的林木，短期内一次皆伐作业或者几乎全部伐光（可保留部分母树）；伐后采用人工造林更新或人工辅助天然更新恢复森林。⑧经济林经营作业法，通过植苗方式造林，幼林阶段采取割灌、除草、浇水、施肥等措施提高造林成活率和促进苗木早期生长；幼、中龄林阶段采取整形修枝、防治病虫害等措施，注意水肥管理。

（五）森林经营监测与评价

森林生长的长周期性决定了其经营监测与评价工作势必也是一项长期的系统性工程。通过对不同经营模式森林的实施过程及其实际效果开展监测与评价，可以为森林经营方案的修正和完善提供科学依据（张会儒等，2019）。自1991年我国开展并建立国家森林资源监测体系以来，在新的林地分类系统技术标准制定、森林资源清查统计系统框架的顶层设计以及新技术的应用等方面，都取得了长足进展（张煜星等，2007；陆元昌等，2011；陈尔学等，2012）。需要指出的是，当前我国的森林经营理念已经发生重大转变，即已经从单纯要求森林的物质产品转变到不仅要求森林的生产功能，更要求森林的服务功能（张会儒等，2020）。在此背景下，科研工作者需要充分利用遥感、人工智能和大数据等技术，发挥多学科综合交叉研究与产学研相结合的优势，持续加强森林经营基础性研究，以逐步形成具有中国特色的森林经营理论与技术体系，最终提高森林的调查监测能力和决策水平。

第四节　广东林业发展概况

改革开放以来，广东随着经济社会高速发展，城市化、工业化和现代化进程的加快对生态环境提出了更高、更新的要求；人们的生态环境意识日益加强，优美的生态环境需求已成为社会对林业的第一需求。广东林业的发展经历了大规模绿化阶段、林业分类经营阶段、林业生态建设阶段、林业生态文明建设阶段四个阶段。

一、大规模绿化阶段（1985—1993年）

改革开放初期，林业单纯追求经济效益，以木材生产作为指导思想是广东林业发展的主题。20世纪80年代初的广东，商品贸易十分活跃，但也到处荒山秃岭，水土流失极其严重。1985年，享有"四季常青"美称的南粤大地仅剩下460万hm^2森林，荒山达387万hm^2，超过了全省山地总面积的1/3。全省水土流失面积以每年140 km^2的速度迅速扩展，整体达到1.2万km^2，相当于全省总面积的6.7%。同时，全省林分质量不高，资源结构不理想，生态系统比较脆弱，森林群体功能远未能适应优化环境要求。人口和经济的增长亦造成了森林资源的巨大消耗，而且林业产业规模小，不能适应现代市场经济的需要，未能解决经济社会的发展对木材和林产品的需求。1985年广东省委、省政府作出《加快造林步伐，尽快绿化全省的决定》，提出"五年消灭荒山，十年绿化广东"的目标，五年时间，全省共投入13亿资金和3亿多个劳动工日，造林339万hm^2，封山育林70万hm^2，95%的宜林山地种上了树。1991年党中央、国务院授予广东"全国荒山造林绿化第一省"的光荣称号，1993年提前两年实现了"十年绿化广东"的宏伟目标，扭转了森林消耗量大于生长量的局面，绿化成为当时林业的主旋律。

二、林业分类经营阶段（1994—2002年）

绿化达标后，1994年，广东省委、省政府作出《关于巩固绿化成果，加快林业现代化建设的决定》和《关于组织林业第二次创业，优化生态环境，加快林业产业化进程的决定》，提出建立生态公益林体系和林业产业体系的目标，进行林业第二次创业，组织实施林业分类经营，开展生态公益林体系和商品林基地建设，广东林业发展迎来了林业分类经营阶段。1997年7月，省政府颁布《广东省外商投资造林管理办法》，对外商投资造林活动起到鼓励和规范的作用，促进了商品林造林事业的进一步发展。1998年，省人大、省政府先后颁布了《广东省林地保护管理条例》《关于加快营造生物防火林带工程建设议案的决议》《广东省生态公益林建设管理和效益补偿办法》，省人大还作出了《关于加快自然保护区建设的决议》，这一系列的法规和规章，有效地加快了广东生态公益林体系的建设步伐。1999年在全国率先实施生态公益林效益补偿制度，同年被国家林业局确定为全国唯一省级林业分类经营改革试验示范区，为国家实施生态补偿机制提供了典范。

三、林业生态建设阶段（2003—2011年）

2004年8月，广东省委、省政府召开全省林业工作会议，提出了建设山川秀美、生态良好、人与自然和谐共生、经济社会可持续发展的林业生态省的宏伟目标，同年 10 月，《广东省林业生态建设规划》经省委、省政府批准正式实施。2005 年 2 月，省委、省政府作出了《关于加快建设林业生态省的决定》，在全国率先提出了建设林业生态省的构想。"创建林业生态县，建设林业生态省"成为时代主旋律，把林业生态建设摆上经济社会发展的重要战略位置，走以生态建设为主的林业可持续发展道路，建立起以森林生态系统为主体的绿色生态屏障，维护区域生态安全与生态平衡，促进人口、资源、环境协调发展。广东将林业生态省建设与现代林业紧密结合，采取了积极探索体制创新，不断深化林业改革、加大造林营林力度，提高森林生态功能等级、提升林业产业水平、推进科技兴林，充分发挥林业科技的强大支撑作用等措施，扎实推进现代林业总体工作思路的贯彻落实，全面提高林业生态建设整体水平。

四、林业生态文明建设阶段（2012 年至今）

2012 年，广东省全面启动了新一轮绿化广东大行动，推进绿色生态文明建设。新一轮绿化广东大行动是省委、省政府着眼长远的战略决策部署，是广东省发展全国一流、世界先进的现代大林业，建设全国绿色生态第一省的具体行动，新一轮绿化广东大行动不是"十年绿化广东"的简单重复，而是发挥林业生态、经济、碳汇、绿化、美化等多重效益的重要行动。2013 年 8 月，广东省委、省政府出台《关于全面推进新一轮绿化广东大行动的决定》，提出要突出抓好森林碳汇、生态景观林带、森林进城围城、乡村绿化美化等四大重点生态工程建设，要求把新一轮绿化广东大行动作为生态文明建设的重要任务来抓，积极开展造林绿化，大力发展现代林业，进行国家森林城市群及森林城镇建设，动员全社会力量参与绿化行动、保护生态环境，给子孙后代留下一个天更蓝、地更绿、水更净的美好家园。2022 年，中共广东省委十三届二次全会审议通过了《中共广东省委关于深入推进绿美广东生态建设的决定》，提出打造人与自然和谐共生的绿美广东样板，规划了走出新时代绿水青山就是金山银山的广东路径，为广东在全面建设社会主义现代化国家新征程中走在前列，创造新的辉煌提供良好生态支撑。

第三章
广东森林质量精准提升基础条件

第一节 自然地理条件

一、地理位置

广东地处中国大陆最南部。东邻福建，北接江西、湖南，西连广西，南临南海，珠江口东西两侧分别与香港、澳门特别行政区接壤，西南部雷州半岛隔琼州海峡与海南相望。全境位于 $109°45'\sim117°20'E$、$20°09'\sim25°31'N$。全省陆地面积 17.97 万 km^2，其中岛屿面积 1448 km^2。全省沿海有面积 500 m^2 以上的岛屿 759 个，数量仅次于浙江、福建两省，居全国第三位。另有明礁和干出礁 1631 个。全省大陆海岸线长 4114.3 km，居全国第一位。按照《联合国海洋公约》关于领海、大陆架及专属经济区归沿岸国家管辖的规定，全省海域总面积 41.9 万 km^2。

二、地形地貌

受地壳运动、岩性、褶皱和断裂构造以及外力作用的综合影响，广东省地貌类型复杂多样，有山地、丘陵、台地和平原，其面积分别占全省土地总面积的 33.7%、24.9%、14.2% 和 21.7%，河流和湖泊等只占全省土地总面积的 5.5%。地势总体北高南低，北部多为山地和高丘陵，最高峰石坑崆海拔 1902 m，位于阳山、乳源与湖南交界处；南部则为平原和台地。全省山脉大多与地质构造的走向一致，以北东-南西走向居多，如斜贯粤西、粤中和粤东北的罗平山脉和粤东的莲花山脉；粤北的山脉则多为向南拱出的弧形山脉，此外粤东和粤西有少量北西-南东走向的山脉；山脉之间有大小谷地和盆地分布。平原以珠江三角洲平原面积最大，潮汕平原次之，此外还有高要、清远、杨村和惠阳等冲积平原。台地以雷州半岛-电白-阳江一带和海丰－潮阳一带分布较多。构成各类地貌的基岩岩石以花岗岩最为普遍，砂岩和变质岩也较多，粤西北还有较大片的石灰岩分布，此外局部还有景色奇特的红色岩系地貌，如著名的丹霞山和金鸡岭等。沿海沿河地区多为第四纪沉积层，是构成耕地资源的物质基础。

三、气候特征

广东省属于东亚季风区，从北向南分别为中亚热带、南亚热带和北热带气候，是全国光、热和水资源最丰富的地区之一，且雨热同季，降水主要集中在4~9月。全省年平均气温21.8℃，年平均气温分布呈南高北低，雷州半岛南端徐闻最高（23.8℃），粤北山区连山最低（18.9℃）。月平均气温最冷的1月为13.3℃，最热的7月为28.5℃。年平均降水量为1789.3 mm，最少年份为1314.1 mm，最多年份达2254.1 mm。年降水量分布不均，呈多中心分布。3个多雨中心分别是恩平－阳江、海丰和龙门－清远，其中年平均降水量恩平超过2500 mm，海丰接近2500 mm，龙门为2100 mm。月平均降水量以12月最少（32.0 mm），6月最多（313.5 mm）。年平均日照时数自北向南增加，由不足1500小时增加到2300小时以上；年太阳总辐射量在4200~5400 MJ/m^2。

四、土壤条件

全省气候、地形、成土母岩、植被等自然条件复杂，对土壤的分布规律、发育过程和特性有较大影响。在《全国土壤分类系统》中，广东占6个土纲，15个土类，而且地带性、非地带性及垂直分布相互交错。广东土壤在热带、亚热带季风气候条件和生物生长因子的长期作用下，普遍呈酸性反应，pH值在4.5~6.5。成土母岩除雷州半岛为玄武岩外，大部分地区均为酸性岩类。花岗岩分布广泛，此外还有石英岩、砂页岩、石灰岩、紫色页岩和近代河海沉积物等。广东土壤类型包括红壤、赤红壤、砖红壤、黄壤、火山灰土、石灰土、紫色土等，其中，以红壤、赤红壤和砖红壤为主。土壤类型呈明显的纬度分布格局，主要类型从北到南依次是红壤、赤红壤、砖红壤。红壤是广东省中亚热带地区的代表性地带土壤类型，约占广东省土壤面积18.3%，在广东省的主要分布区为24°30′N之北的海拔700 m以下低山丘陵地区；成土母质主要是花岗岩、砂页岩、片岩等。红壤分布区光热条件好，大多土层较厚，肥力较高。赤红壤是广东省南亚热带地区的代表性地带土壤类型，也是本省分布面积最大的土壤类型，占广东省土壤面积39.36%，在广东省中部地区广泛分布，主要分布在海拔300 m以下的丘陵台地；成土母质主要是花岗岩、砂页岩、红色砂页岩、片岩等。赤红壤土层较厚，常达1 m以上。土壤呈酸性，养分含量通常较低。砖红壤是广东省热带地区的代表性地带土壤类型，主要分布区为雷州半岛，成土母岩主要是花岗岩、玄武岩等，土层较厚，可达1~2 m，养分含量因成土母岩而异（张方秋等，2014）。

五、水文条件

广东省河流众多,以珠江流域(东江、西江、北江和珠江三角洲)及独流入海的韩江流域和粤东沿海、粤西沿海诸河为主,集水面积占全省面积的99.8%,其余属于长江流域的鄱阳湖和洞庭湖水系。全省流域面积在100 km² 以上的各级干支流614条(其中,集水面积在1000 km² 以上的有60条)。独流入海河流93条,较大的有韩江、榕江、漠阳江、鉴江、九洲江等。全省多年平均降水量1789.3 mm,折合年均降水总量3145亿m³。降水时间和地区分布不均,年内降水主要集中在汛期4~10月,占全年降水量的75%~95%;年际之间相差较大,全省最大年降水量是最小年的1.84倍,个别地区甚至达到3倍。全省多年平均水资源总量1830亿m³。全省水资源时空分布不均,夏秋易洪涝,冬春常干旱。沿海台地和低丘陵区不利蓄水,缺水现象突出,尤以粤西的雷州半岛最为典型。不少河流中下游河段由于城市污水排污造成污染,存在水质性缺水问题。

六、植物资源

广东省光、热、水资源丰富,四季常青,植物种类繁多。全省本土野生高等植物350科1828属6864种,其中苔藓植物(包括角苔类、苔类和藓类)96科272属865种,石松类和蕨类植物36科123属642种,裸子植物7科17属35种,被子植物211科1416属5322种(宋柱秋等,2023)。植物种类中,国家重点保护野生植物共57科87属164种(9变种2亚种),其中藻类植物1科1属1种,苔藓植物2科2属2种,石松类和蕨类植物8科11属24种,种子植物46科73属137种9变种2亚种,属于国家一级保护野生植物的有仙湖苏铁(*Cycas szechuanensis*)、南方红豆杉(*Taxus wallichiana* var. *mairei*)、紫纹兜兰(*Paphiopedilum purpuratum*)等10种,属于广东特有植物的有丹霞梧桐(*Firmiana danxiaensis*)、杜鹃红山茶(*Camellia azalea*)、广东含笑(*Michelia guangdongensis*)等13种。

广东省具有丰富的地带性森林植被,地域分布特征明显。主要地带性植被从北至南分别为北部的中亚热带典型常绿阔叶林、中部的南亚热带季风常绿阔叶林以及南部的热带季雨林,同时也是全国红树林分布面积最大的省份。在热带地区的次生森林植被具有硬叶常绿的稀树灌丛和草原为优势,亚热带地区则以针叶稀树灌丛、草坡为多,人工林以杉木、马尾松、湿地松、桉、竹林等纯林为主。全省有14个地级以上市获得"国家森林城市"称号,县级以上自然保护地达到1361个(数量居全国第一)。

七、动物资源

广东省动物种类多样。陆生脊椎动物有774种,其中兽类110种、鸟类507种、爬行类112种、两栖类45种。此外,还有淡水水生动物的鱼类281种、底栖动物

181 种和浮游动物 256 种，以及种类更多的昆虫类动物。动物种类中，被列入国家一级保护野生动物的有华南虎、云豹、熊猴和中华白海豚等 22 种，被列入国家二级保护野生动物的有金猫、水鹿、穿山甲、猕猴和白鹇（省鸟）等 95 种。

第二节　社会经济条件

一、行政区划

截至 2022 年年底，广东省辖 21 个地级以上市，65 个市辖区、20 个县级市、34 个县、3 个自治县（共 122 个县级行政区划单位），1112 个镇、4 个乡、7 个民族乡、489 个街道办事处（共 1612 个乡级行政区划单位）。

二、人口状况

截至 2022 年年底，全省常住人口 12656.80 万人，其中城镇常住人口 9465.40 万人，占常住人口比重（常住人口城镇化率）74.79%，比上年末提高 0.16 个百分点。全年出生人口 105.20 万人，出生率 8.30‰；死亡人口 63.00 万人，死亡率 4.97‰；自然增长人口 42.20 万人，自然增长率 3.33‰。全年城镇新增就业 132.06 万人，就业困难人员实现就业 10.51 万人。全年城镇调查失业率平均值为 5.3%。

三、经济发展水平

2022 年全省实现地区生产总值（GDP）129118.58 亿元，比上年增长 1.9%。其中，第一产业增加值 5340.36 亿元，增长 5.2%，对地区生产总值增长的贡献率为 11.8%；第二产业增加值 52843.51 亿元，增长 2.5%，对地区生产总值增长的贡献率为 52.9%；第三产业增加值 70934.71 亿元，增长 1.2%，对地区生产总值增长的贡献率为 35.3%。三次产业结构比重为 4.1∶40.9∶55.0，第二产业比重提高 0.4 个百分点。人均地区生产总值 101905 元（按年平均汇率折算为 15151 美元），增长 1.7%。分区域看，珠三角核心区地区生产总值占全省比重 81.1%，东翼、西翼、北部生态发展区分别占 6.1%、7.1%、5.7%。

第三节　森林资源条件

根据 2021 年林草生态综合监测数据，广东省林地面积 1079.25 万 hm^2。林木覆盖面积 1011.25 万 hm^2，林木覆盖率 56.25%；森林面积 953.29 万 hm^2，森林覆盖率 53.03%；森林蓄积量 57811.71 万 m^3。

一、森林资源总量

林地面积 1079.25 万 hm², 占国土面积的 60.03%。森林面积 953.29 万 hm², 其中乔木林 889.54 万 hm²、占 93.31%, 竹林 58.97 万 hm²、占 6.19%, 特灌林 4.78 万 hm²、占 0.50%。活立木蓄积量 63017.19 万 m³, 其中森林蓄积量 57811.71 万 m³、占 91.74%, 疏林蓄积量 72.26 万 m³、占 0.11%, 散生木蓄积量 3330.95 万 m³、占 5.29%, 四旁树蓄积量 1802.27 万 m³、占 2.86%。林木总生物量 70348.98 万 t, 其中森林生物量 63616.54 万 t; 林木总碳储量 34946.65 万 t, 其中森林碳储量 31579.28 万 t。

二、森林资源构成

（一）起源构成

森林面积中,天然林 237.96 万 hm²、占 24.96%, 人工林 715.33 万 hm²、占 75.04%; 森林蓄积量中,天然林 22069.28 万 m³、占 38.17%, 人工林 35742.43 万 m³、占 61.83%。天然林和人工林按乔木林、竹林、特灌林构成情况见表 3-1。

表3-1　天然林和人工林面积构成　　　　　　　　　　　单位：万 hm²、%

类型	天然林	比例	人工林	比例
合计	237.96	100	715.33	100
乔木林	228.91	96.2	660.63	92.35
竹林	8.86	3.72	50.11	7.01
特灌林	0.19	0.08	4.59	0.64

（二）权属构成

森林面积中,国有林 108.67 万 hm²、占 11.40%, 集体林 844.62 万 hm²、占 88.60%; 森林蓄积量中,国有林 7917.93 万 m³、占 13.70%, 集体林 49893.78 万 m³、占 86.30%。国有林和集体林按乔木林、竹林、特灌林构成情况见表 3-2。

表3-2　国有林和集体林面积构成　　　　　　　　　　　单位：万 hm²、%

类型	国有林	比例	集体林	比例
合计	108.67	100	844.62	100
乔木林	104.45	96.12	785.09	92.95
竹林	3.32	3.06	55.65	6.59
特灌林	0.9	0.83	3.88	0.46

（三）类别构成

森林面积中,公益林 403.50 万 hm²、占 42.33%, 商品林 549.79 万 hm²、占 57.67%; 森林蓄积量中,公益林 31342.83 万 m³、占 54.22%, 商品林 26468.88 万 m³、

占 45.78%。公益林和商品林按乔木林、竹林、特灌林构成情况见表3-3。

表3-3 公益林和商品林面积构成　　　　单位：万hm^2、%

类型	公益林	比例	商品林	比例
合计	403.5	100	549.79	100
乔木林	382.69	94.84	506.85	92.19
竹林	18.47	4.58	40.5	7.37
特灌林	2.34	0.58	2.44	0.44

（四）龄组构成

乔木林面积中，幼龄林451.73万hm^2、占50.78%，中龄林279.02万hm^2、占31.37%，近熟林、成熟林和过熟林（以下简称近成过熟林）合计158.79万hm^2、占17.85%。全省乔木林分龄组面积、蓄积量见表3-4。

表3-4 乔木林分龄组面积、蓄积量构成　　　　单位：万hm^2、%、万m^3

龄组	面积	比例	蓄积量	比例
合计	889.54	100	57811.71	100
幼龄林	451.73	50.78	19395.65	33.55
中龄林	279.02	31.37	23507.99	40.66
近熟林	99.76	11.21	9043.45	15.64
成熟林	42.24	4.75	4119.45	7.13
过熟林	16.79	1.89	1745.17	3.02

三、森林资源质量

（一）乔木林质量

乔木林每公顷蓄积量64.99 m^3，每公顷生物量68.71 t，每公顷碳储量34.10 t，平均胸径11.9 cm，平均树高9.7 m，平均郁闭度0.54，纯林与混交林比例54∶46。

（二）天然林质量

天然林每公顷蓄积量96.41 m^3，每公顷生物量105.06 t，每公顷碳储量51.49 t，平均胸径12.5 cm，平均树高10.4 m，平均郁闭度0.62，纯林与混交林比例27∶73。

（三）人工林质量

人工林每公顷蓄积量54.10 m^3，每公顷生物量56.11 t，每公顷碳储量28.07 t，平均胸径11.6 cm，平均树高9.3 m，平均郁闭度0.51，纯林与混交林比例63∶37。

第四节　广东森林存在的主要问题

目前，广东森林资源总体仍存在总量不足、质量不高、效益不强的问题，具体体现在"四多四少"现象中，即中、幼林多，近成过熟林少；纯林多，混交林少；针叶林多，阔叶林少；单层林多，复层林少。森林群落结构和树种结构相对简单，层次单一，林相单调，森林生态质量有待提高，森林抗御自然灾害的能力降低，广东森林资源存在的问题突出体现以下几方面。

一、松材线虫危害严重

松材线虫病是由松材线虫寄生在松属（Pinus）树种体内取食营养而导致树木迅速死亡的一种特大毁灭性病害，具有扩散迅速、危害严重等疫情典型特征，造成林业经济、森林生态上的巨大损失和自然景观的严重破坏，对广东等广大适生区的松林构成严重威胁（图3-1）。广东的松树主要是20世纪80年代"五年消灭荒山，十年绿化广东"时期种植的，本来林分质量就不高，再加上松材线虫危害，有大面积的低质低效松树林亟待改造。

图3-1　松材线虫病危害松树林

二、分布不合理的桉树种植

改革开放以来，桉树人工林在广东得到较快发展，加快了广东荒山绿化和迹地更新步伐，大幅增加了森林蓄积量，增加了木材供给，缓解了木材供需矛盾。但是有的地方桉树发展布局不合理，造林地选择不当，有的桉树种植区分布在重要水源区、江河两岸、自然保护地、森林公园内（图3-2）；有的桉树经营主体全垦作业，高密度种植，频繁施肥培土、滥用农药、除草剂等，造成水土流失、土壤退化、生物多样性降低，也影响了林相景观。

图3-2　分布不合理的桉树林

三、乔木林出现退化现象

有的地方乔木林经人为或自然破坏之后未经合理经营，发展成为次生乔木林、疏林和次生灌木林（图3-3）。这些林分以灌木为主，少有乔木树种；尽管覆盖率高，但目标树少；林相混杂，生长率较低；远看绿油油，近看找不到几棵乔木树种林木，林分质量差，材质不良，生态效能不显著，利用价值受到影响。这种林分属于不稳定性演替阶段，通过自然恢复非常困难。需要遵循地带性森林群落演替规律，采用人工修复与自然恢复相结合的方式，通过人工促进，引入优势种、建群种和目标树，通过开林窗、补植套种、加强抚育管理，实现人工促进林分向正向演替。

图3-3　退化乔木林

四、粤北山地石漠化严重

石漠化是因水土流失而导致地表土壤损失，基岩裸露，地表呈现类似荒漠景观的岩石逐渐裸露的演变过程。广东石漠化多发生在石灰岩地区，土层厚度薄（多数不足10 cm）。据全国第四次石漠化监测初步成果，广东省石漠化土地分布在韶关、肇庆、河源、云浮、清远和阳江6个地级市所辖的武江区、乐昌市、仁化县等21个县（市、区），全省石漠化土地总面积4.36万hm^2，占岩溶土地面积的4.1%。石漠化地区虽然石头多、土层薄、造林困难，但实际上只要树种选择得当，技术措施到位,资金投入保障,则完全可以恢复森林植被(图3-4)。

五、重造轻管形成低质低效林

改革开放以来,广东通过实施林业重点生态工程大力营造了生态林、碳汇林、水源林等不同类型的森林,但由于有些地方在森林培育上存在"重造轻管"的现象,体现在缺少森林经营理念,抚育管理不科学,缺乏抚育专项资金,抚育的投资标准偏低,导致抚育措施跟不上;有的地方在造林时存在树种选择不当、栽植技术不当、造林季节不当、苗木质量差等原因,导致广东的造林面积数量虽然持续增加,但是造林质量不高的现象依然突出,形成了部分低质低效林分(图3-5)。

图3-4 石漠化林地

图3-5 低质低效林

第五节 广东森林质量精准提升目标任务

为深入贯彻习近平生态文明思想,牢固树立和践行绿水青山就是金山银山的理念,广东省委作出《关于深入推进绿美广东生态建设的决定》,将森林质量精准提升作为推进绿美广东生态建设的重点任务,是打造人与自然和谐共生现代化广东样板的重要基础。实施林分优化,提升森林质量,改善林相景观,培育健康稳定优质高效的森林生态系统。

一、总体要求

按照适地适树原则,优化重要生态区域低效林的林分结构,持续改善林相,提升林分质量。科学开展森林经营,以自然地理单元和县级行政区域为单位,调整和优化树种林种结构,营造高质高效乡土阔叶混交林,提升森林生态效益。加强森林抚育和封山育林,促进中幼林生长,提高林地生产力和森林蓄积量。实施区域一体化保护和综合治理,集中连片打造功能多样的高质量林分和优美林相,推动森林资源增量、生态增效、景观增色,增强森林生态系统稳定性和碳汇能力。

二、目标任务

到 2027 年年底，全省完成林分优化提升 1000 万亩、森林抚育提升 1000 万亩，森林结构明显改善，森林质量持续提高，生物多样性得到有效保护。

到 2035 年，全省完成林分优化提升 1500 万亩、森林抚育提升 3000 万亩，混交林比例达到 60% 以上，森林结构更加优化，森林单位面积蓄积量大幅度提高，森林生态系统多样性、稳定性、持续性显著增强，多树种、多层次、多色彩的森林植被成为南粤秀美山川的鲜明底色，天蓝、地绿、水清、景美的生态画卷成为广东亮丽名片，绿美生态成为普惠的民生福祉，建成人与自然和谐共生的绿美广东样板。

三、建设内容

以自然山脉、水系为治理单元，统筹山水林田湖草沙一体化保护和修复，采取人工修复和自然恢复相结合的综合措施，开展区域系统治理。

（一）林分优化提升

对宜林荒地进行人工造林，对低质低效及松材线虫病危害松树林、低质低效桉树林、其他低质低效林、自然保护地内分布不合理的林分等进行优化提升，对有培育潜力的阔叶幼林进行封山育林，优化提升林分质量。

（二）森林抚育提升

对立地条件较好、乡土阔叶树总体生长状况尚好的中幼林进行抚育，达到培育大径材林培育目标；对低产毛竹林和低产油茶林进行抚育，培育高产竹林和油茶林。

四、空间布局

（一）突出生态区位重要

着眼于增强全省"三屏五江多廊道"生态安全格局，推动形成北部沿南岭、南部沿海、中部沿江的区域造林格局，注重提点、连线、构面，综合运用造封抚等措施提高乡土阔叶树种混交林比例，宜造则造、宜改则改、宜封则封，集中连片提升森林生态系统质量。

（二）突出人民群众需要

针对群众身边缺林少绿或者绿化品质不高等问题，以裸露地面、撂荒山地、疏残林地、低质退化林、低效桉树林等区域为重点，聚焦高快速路两侧、国省道和乡村道两侧、江河两岸、村头村尾等群众常来常往的地方，采取补种套种等方式扩绿增绿，让群众可达、可及、可享。

第四章
森林质量精准提升技术

构建大面积森林景观斑块，培育健康稳定优质高效的森林生态系统。在大面积森林景观斑块内，基于具体林分特点、预期实现的功能和目标，科学实施人工造林、低质低效林优化、封山育林、森林抚育等森林培育和质量提升措施，提升森林功能质量。在同一自然地理单元，因地制宜、分类施策、系统治理，对林地、林分宜造则造、宜改则改、宜抚则抚、宜封则封、宜留则留。

第一节 林分优化提升技术

一、精准选择树种

以地带性森林植被群落为参考，以重建地带性森林群落为导向，根据不同区域的自然条件和培育目标（珍贵用材、涵养水源、生物多样性保护、景观等），选择相应的建群树种和配置树种。在建群树种或者优势树种选择上注重树种的珍贵性，选取能长成高大上层乔木的树种，同时配置一些伴生树种或者带有景观效果和一些地方特色的树种。

（一）树种选择原则
（1）以地带性植被中的代表种类为主。
（2）以当地常绿优势阔叶树种为主。
（3）以常绿、长寿、枝叶茂密的阔叶树种为主。
（4）以生态环境保护功能较强的树种为主。

(5)依据实际情况搭配少量表现较好、长期在本地表现稳定的外来引种树种。

(二)树种选择路线

(1)自由路线。林分改造的设计者一定程度考虑了树种的生态学和生物学特性,同时根据造林目标,较为主观、自由地进行造林树种选择和配置设计。

(2)试验路线。先进行树种、混交组合的试验,对试验林进行观测研究,然后筛选出生长、生态功能等方面表现比较好的树种及混交组合,加以推广。

(3)乡土树种路线。在林分改造中基本采用乡土树种进行造林的方法,这种路线重点是采用乡土树种,树种组合比较随意自由,适当考虑一些树种在不同层次上的搭配。如上层乔木、中层乔木、下层小乔木、灌木和喜光乔木、耐阴乔木等的搭配(图4-1)。

图4-1 复层林

(4)天然林模拟路线。以"师法自然"的原则,模仿天然林(主要是次生林)的群落树种组成和结构,选择造林树种和配置模式,应用于林分改造中。这种路线必须先对次生林进行调查,研究其树种组成、树种在林分中的分布,包括水平和垂直分布。利用调查的结果进行模仿,选择和配置树种。

(三)树种选择

在构建复层混交林时(图4-2),树种选择是构建高质量森林的最重要的一个环节，复层混交林通常分为三层，即乔木层、灌木层和草本层。上层乔木又分为大乔木、中乔木和小乔木。上层乔木在群落生态学上被称为建群种，或者优势种，在森林经营上被称为目的树种或者目标树。但总的是指在生态系统中所占据特定位置，具有显著竞争优势，对群落结构和群落环境的形成有明显控制作用的植物总称。

图4-2 复层林林相

优势层的优势种，个体数量不一定很多，但却能决定群落结构和内部环境条件，是群落的建造者。优势种中的最优势者，盖度最大，占有最大空间，因而在建造群落和改造环境方面作用最突出，决定着整个群落的基本性质和外貌。

广东属亚热带季风气候，水热条件好、生物多样丰富，地带性植物种类复杂，构建地带性森林群落树种多，以下树种（表4-1）是森林质量精准提升的主要树种，供造林设计使用。

表4-1 广东一般山地造林主要造林树种名录

区域	树种名称
目的树种、建群种、上层乔木、优势种	壳斗科：红锥（25 m）、米槠（20 m）、吊皮锥（28 m）、青冈（20 m） 樟科：樟（30 m）、闽楠（20 m）、桢楠（30 m）、润楠（40 m） 木兰科：火力楠（30 m）、观光木（25 m）、灰木莲（26 m）、乳源木莲（8 m）、乐昌含笑（30 m）、乐东拟单性木兰（30 m） 豆科：降香黄檀（25 m）、格木（30 m）、花榈木（16 m）、任豆（20 m） 山茶科：木荷（25 m） 大戟科：黄桐（20 m） 银杏科：银杏（40 m，落叶） 瑞香科：土沉香（15 m）

续表

区域	树种名称
目的树种、建群种、上层乔木、优势种	金缕梅科：米老排（30 m） 蕈树科：枫香（30 m、落叶） 唇形科：柚木（40 m） 大风子科：红花天料木（25 m） 红豆杉科：南方红豆杉（30 m） 龙脑香科：青皮（20 m）、坡垒（20 m） 藤黄科：铁力木（30 m） 豆科：顶果木（35 m、落叶）、油楠（20 m） 蓝果树科：喜树（20 m、落叶） 金缕梅科：马蹄荷（20 m）
辅助树种、中下层乔木、伴生树种	华润楠、短序润楠、楝叶吴茱萸、鸂蒴、乌桕、山乌桕、红枫、毛棉杜鹃、杨梅、假苹婆、蝴蝶树、蝴蝶果、软荚红豆、山杜英、大头茶、红花油茶、海红豆、无患子、海南红豆、土沉香、菜豆树、两广梭罗、五味子、五列木、竹柏、鱼木、任豆、柏树、水翁、鹅掌柴、铁冬青、半枫荷、红花荷、岭南山竹子、桂木、仪花、竹节树、红鳞蒲桃、海南蒲桃
景观树种	油桐、千年桐、岭南槭、铁冬青、拟赤杨、仪花、木油桐、中华杜英、无忧树、大花第伦桃、红花荷、山杜英、密花树、海南红豆、黄粱木
特色树种	南酸枣、猴耳环、橄榄、乌榄、八角、油茶、红花油茶、余甘子、大叶冬青、阴香、黑木相思

注：括号内数字为可达树高。

二、精准配置树种

树种配置以常绿为主、落叶为辅，高大乔木为主、中小乔木为辅，大乔木、中、小乔木相结合为原则（图4-3）。

图4-3 树种配置示意图

树种配置，是指营造复层混交林时，科学选择和合理配置混交树种的方法。通常将乔木与灌木、喜光与耐阴、深根与浅根的树种互相配置，以充分利用自然光照和土壤肥力。合理配置可以提高林分的生产力和稳定性，并能发挥保持水土、改良土壤、涵养水源等生态防护效能（图4-4、图4-5）。

在配置树种时，建群种（优势种、上层乔木）比例不超过60%，中小乔木比例在40%左右。优势种在生态系统中具有显著竞争优势，它们通常能够占据生态系统的核心地位,并对其他物种产生重要的影响。优势种的存在和活动可以对生态系统的结构和功能产生重要的影响,如控制其他物种的数量、影响生物多样性和能量流动等。如果优势种比例过高,群落演替到一定程度上林冠层会形成封闭,中小乔木因为得不到阳光而死亡,在群落的垂直结构上很难形成复层林。

图4-4 造林

图4-5 造林成效图

三、精准实施混交

构建复层混交林，如何选择树种和配置比例，如何在造林中精准实施混交，对林分后期个体之间的竞争非常重要。建群种、伴生树种在生态系统中处于不同的生态位，相同生态位的树种在一起，个体之间是竞争关系，为了减少种间竞争，增强树种个体之间依存关系，应将不同生态位的树种种植在一起，利用其个体之间的共生关系。生产造林上普遍都是株间或者行间随机混交，实际上容易导致高大乔木和高大乔木种植在一起，或者中小乔木和中小乔木种植在一起，相同生态位的树种种植在一起，个体之间易形成激烈竞争，不利于构建复层混交林。

为确保不同生态位的树种种植在一起，生产实践中总结了一套分组随机混交的办法。分组随机混交采取模拟近自然的混交方式，是实现复层混交林最有效的方法。以每亩地或半亩地（原则上是工人一次上山挑苗总量为原则）设计的苗木为一组，按设计比例组配苗木（图4-6），工人以组为单位挑苗上山造林，随机种植，同时相同树种的苗木种植时不相邻，实现小群落，大混交。

比如，某松树林或桉树林改造，树种选择和配置如下。

建群树种：闽楠（30%）+红锥（30%），伴生树种：铁冬青（15%）+红花油茶（*Camellia reticulata*）（15%）+山杜英（10%），每亩种植74株。

（1）以亩为一组苗木分配比例。

闽楠：74株 ×30%=22株；

红锥：74株 ×30%=22株；

铁冬青：74株 ×15%=11株；

红花油茶：74株 ×15%=11株；

山杜英：74株 ×10%=8株。

（2）以0.5亩为一组苗木分配比例。

闽楠：37株 ×30%=11株；

红锥：37株 ×30%=11株；

铁冬青：37株 ×15%=6株；

红花油茶：37株 ×15%=5株；

山杜英：37株 ×10%=4株。

图4-6　苗木分组搭配

四、精准测定土壤，推广配方施肥

广东省林业科学研究院通过广东省林业局立项"林地土壤调查"项目，于2020—2022年完成全省林地土壤普查工作，已基本摸清全省林地土壤基本属性分布。项目首次运用0.5 m高分辨率遥感影像生成全域模型，快速、准确获取地形、水文、植被参数辅助布点计算，共调查样点 12328 个，调查覆盖面积达 10 万 km^2、挖掘土壤剖面逾 35000 个、采集并检测土壤样品 15 万份。获取主要包括土壤环境数据、土壤分层诊断数据、土壤剖面特征数据、土壤理化性质数据等 4 大类共计 73 项指标，共计 200 余万条记录，同时，项目建立了首个南方红壤区域森林土壤标本库，制作并保存土壤标本约 14 万份、典型土壤剖面整段标本约 300 段、剖面摄影标本约 1 万幅、样点环境图片约 4 万幅、采样环境与过程视频约 1 万条。

全省林地土壤数据库的建立，为实现林地精准选择树种，测土配方施肥，实施森林质量精准提升行动，深入推进绿美广东生态建设，提高生态文明建设水平，打造美丽中国的广东样板等提供有力数据支撑。

第二节　森林抚育提升技术

森林抚育是从幼林郁闭成林到林分成熟前根据培育目标所采取的各种营林措施的总称，包括间伐、补植、修枝、浇水、施肥、人工促进天然更新以及视情况进行的割灌、割藤、除草等辅助作业活动。坚持近自然经营，模拟自然、顺应自然，针对过疏、过密人工中幼龄林，综合采取抚育间伐、补植、促进天然更新等措施，调整树种组成，优化林分结构，释放生长空间，培育多功能、近自然、健康稳定的森林。

一、中幼龄林抚育

（一）中幼龄林抚育对象

主要包括：①优势树种与立地相适应，郁闭度大于 0.8 的幼龄林和中龄林；②造林成林郁闭后目的树种受压制的林分；③造林成林后第一个龄级，郁闭度 0.7 以上，林木间对光、空间等开始产生比较激烈竞争的林分；④复层林上层郁闭度 0.7 以上，下层目的树种株数较多，且分布均匀、树高生长明显受抑制的林分；⑤林木胸径连年生长量显著下降，枯死木、濒死木数量超过林木总数 15% 的林分等。

（二）人工公益林抚育

对于公益林纯林，以调整树种组成为主，采取补植和人工促进天然更新等措施，促进其向混交林演替。根据目的树种林木分布现状，以乡土树种和演替后期树种为主的公益林，林冠下均匀补植或局部补植。补植后密度应达到该类林分合理密度的 85% 以上。对于中幼龄林，采取透光伐、疏伐和生长伐等措施，调节林分结构，促进保留木的生长。复层林中，对于已影响到下层目的树种林木正常生长发育的上层林木，采取透光伐、生长伐等措施，伐除上层的干扰木。对于景观林，可采取修枝、补植彩叶树种等综合抚育措施，提高透视性和景观美度，美化森林景观。

对于遭受自然灾害和林内卫生状况较差的林分，实施卫生伐。

（三）人工商品林抚育

对于商品林幼龄林，采取透光伐，清除妨碍幼树、幼苗生长的灌木、藤条和杂草；通过疏伐，消除密度过大林分中树干细弱、生长滞后、干形不良的个体。对于中龄林，实施生长伐，伐除Ⅳ、Ⅴ级木或干扰树，促进目标树或Ⅰ、Ⅱ级木生长。对于培育目标林相为混交林的林分，抚育过程中应注意保护针叶纯林中天然更新的阔叶树种和珍贵树种幼苗，同时进行必要的补植。对于以培育珍贵树种或大径材为目标的目标树，进行修枝。对于短周期工业原料林和珍贵树种用材林，可进行施肥。

二、森林抚育采伐

（一）抚育采伐作业原则

采劣留优、采弱留壮、采密留稀、强度合理、保护幼苗幼树及兼顾林木分布均匀。

（二）抚育间伐方式

抚育间伐包括透光伐、疏伐、生长伐、卫生伐。

（1）透光伐。在林分郁闭后的幼龄林阶段，当目的树种林木受上层或侧方霸王树、非目的树种等压抑，高生长受到明显影响时，进行的抚育采伐。伐除上层或侧方遮阴的劣质林木、霸王树、萌芽条、大灌木、蔓藤等，间密留匀、去劣留优，调整林分树种组成和空间结构，改善保留木的生长条件，促进林木高生长。

（2）疏伐。在林分郁闭后的幼龄林或中龄林阶段，当林木间关系从互助互利生长开始向互抑互害竞争转变后进行的抚育采伐。主要针对同龄林进行。伐除密度过大、生长不良的林木，间密留匀、去劣留优，进一步调整林分树种和空间结构，为目标树或保留木留出适宜的营养空间。

（3）生长伐。生长伐主要是调整中龄林的密度和树种组成，促进目标树或保留木径向生长，让树冠和材积生长。

采用目标树分类的，通过林木分类，选择和标记目标树，采伐干扰树；采用林木分级的，保留Ⅰ、Ⅱ级木，采伐Ⅴ、Ⅳ级木，为目标树或保留木保留适宜的营养空间，促进林木径向生长。

林木分级适用于单层同龄人工纯林《森林抚育规程》（GB/T 15781—1995）。林木级别分为5级。

Ⅰ级木又称优势木，林木的直径最大，树高最高，树冠处于林冠上部，占用空间最大，受光最多，几乎不受挤压。

Ⅱ级木又称亚优势木，直径、树高仅次于优势木，树冠稍高于林冠层的平均高度，侧方稍受挤压。

Ⅲ级木又称中等木，直径、树高均为中等大小，树冠构成林冠主体，侧方受一定挤压。

Ⅳ级木又称被压木，树干纤细，树冠窄小且偏冠，树冠处于林冠层平均高度以下，通常对光、营养的需求不足。

Ⅴ级木又称濒死木、枯死木，处于林冠层以下，接受不到正常的光照，生长衰弱，接近死亡或已经死亡。

（4）卫生伐。在遭受自然灾害的森林中以改善林分健康状况为目标进行的抚育采伐。伐除已被危害、丧失培育前途、难以恢复或危及目标树或保留木生长的林木。

（三）间伐木顺序

（1）没有进行林木分类或分级的幼龄林，保留木顺序为：目的树种林木、辅助树种林木。

（2）实行林木分类的，保留木顺序：目标树、辅助树、其他树；采伐木顺序：干扰树、其他树（必要时）。

（3）实行林木分级的，保留木顺序：Ⅰ级木、Ⅱ级木、Ⅲ级木；采伐木顺序：Ⅴ级木、Ⅳ级木、Ⅲ级木（必要时）。

（四）间伐强度控制

过密人工中幼龄林，因初植密度过大、抚育历史欠账等原因导致的郁闭度0.8以上的过密林分，可突破现有技术规程中有关抚育强度、抚育间隔期等限制，按照现行经营密度的保留株数、伐后郁闭度不低于0.6、伐后目的树种比例高于伐前、伐后目的树种平均胸径大于伐前胸径。

三、目标树经营

（一）目标树

目标树是在目的树种中，对林分稳定性和生产力发挥重要作用的长势好、质量优、寿命长、价值高，需要长期保留直到达到目标直径方可采伐利用的林木。实现最大的价值生长。

（二）目标树的选择标准

（1）生活力强，必须是特优木或者优势木，占据林分主林层，被压木和濒死木不能选作目标树。

（2）根据树种的不同，冠形也有不同的指标。目标树树冠要均匀饱满，冠形一般要求至少有 1/4 树高的冠长。

（3）目标树要求没有损伤，或至少根部无损伤和病虫害的情况。如果整体林分质量不高，可以考虑轻度损伤的林木选择为目标树，但是中度和重度损伤的林木个体不能选作目标树。

（4）优先选择实生起源的林木。

（三）辅助树和干扰树

辅助树（生态目标树）是有利于提高森林的生物多样性、保护珍稀濒危物种、改善森林空间结构、保护和改良土壤、景观等功能的林木。如能为鸟类或其他动物提供栖息场所的林木可选择为辅助树加以保护。干扰树是直接影响目标树生长的（同一层次、树冠交叉）、需要在本次经营计划期内采伐利用的林木。

（四）目标树经营技术要点

（1）突出对目标树的培育管理。充分发挥目标树在林分中的骨架支撑作用，适时伐除干扰树以保证目标树有充分的生长空间，坚持对目标树进行适时修枝和其他管理，保证目标树的健康发育，提高林分稳定性并完善森林生态系统功能。

（2）控制林分密度。按树木的"径高比"或自然整枝与树高的比例来控制林分密度。高径比：林内占比较大的目的树种当前树高除以胸径的商控制在 80~100。低于 80 说明林内密度过低，应延迟疏伐；高于 100 说明林内密度过高，应尽早实施疏伐。目标树与同层冠幅及高度类似的相邻树木的最佳距离为其目标胸径的 25 倍（生长缓慢的阔叶树的系数）或 20 倍（生长较快的阔叶树或针叶树的系数）。树木的自然整枝：针叶树自然整枝后的活枝保留到当前树高 1/2，阔叶树自然整枝后的活枝保留到当前树高 2/3。

（3）重视全林经营的林隙补植。由于伐除非目的树种、不良木而出现的林隙、天窗或原有的林隙、天窗，在天然更新不能满足需要的前提下，就要进行补植、补种。树种选择一般以耐阴性、中性树种为宜，并实施针补阔、阔补针的交叉补植法，以增强林分的稳定性。对于喜光或强喜光树种，建议采取团块状的补植方式。

（4）加强种源树种培育。一是在优种、优树中选择目标树，充分发挥目标树在天然更新中优质种源的骨干作用，增加天然更新中的优树种源占比。二是在珍贵、优质树种中选择特殊目标树（种源树），增加珍贵、优种种源的林内占比，通过调整树种结构提高森林质量。三是在伐除干扰树的同时，不断伐除劣质树种和劣质树木，降低其在森林天然更新中的占比。

第五章
森林质量精准提升典型技术模式

第一节 造林更新典型技术模式

一、公益林地人工造林更新

（一）适用对象

公益林地中适宜造林的宜林荒地、采伐迹地和火烧迹地。

（二）目标林分和主导功能

目标林分是优良乡土树种阔叶混交林，主导功能是生态防护为主的多功能森林。

（三）实施措施

选择稳定性好、抗逆性强、生态和经济效益好的优良乡土阔叶树种，种植74株/亩以上，采用混交方式，营造阔叶混交林。注重与造林地上已有的幼苗、幼树配置形成混交林。

（四）典型样地

广东省河源市龙川县通衢镇人工针阔混交林（图5-1），主要树种为鳗藤、马尾松、栲（*Castanopsis fargesii*）、樟、枫香、木荷等，种植密度约74株/亩，种植后前3年进行抚育施肥。2023年9月调查结果显示，样地林木平均胸径6.0 cm，平均树高7.5 m，平均蓄积量0.8 m³/亩。

图5-1　河源市龙川县通衢镇人工针阔混交林

二、商品林地人工造林更新

（一）适用对象

商品林地中适宜造林的宜林荒地、采伐迹地和火烧迹地。

（二）目标林分和主导功能

目标林分是针阔或阔叶混交林，主导功能是用材为主的多功能森林。

（三）实施措施

商品林地引导营建阔叶混交林，可营造块状纯林，实现块状混交；亦可采用"珍贵树种+"模式，种植珍贵树种不少于30株/亩，合理配置用材树种、木本油料或木本药材树种，选择株间、行间、块状等混交方式营造混交林。注重与造林地上已有的幼苗、幼树配置形成混交林。

(四)典型样地

(1)肇庆市岳山林场秃杉（*Taiwania cryptomerioides*）+杉木混交林（图5-2）。1975年实生苗造林的杉木纯林，1994年部分间伐，1995年加种秃杉，现保留密度140株/亩。2023年10月调查结果显示，林木平均胸径28.4 cm，平均树高22.5 m，平均蓄积量94.8 m³/亩。林地内秃杉胸径、树高远大于杉木，而杉木的生长发育受限，宜加强管理，培育秃杉大径材林。

图5-2　肇庆市岳山林场秃杉+杉木混交林

(2)云浮林场良洞迳管护站灰木莲人工纯林（图5-3）。2009年4月用实生苗造林，共有5个种源60个家系，种植密度为89株/亩，2021年7月进行间伐，保留密度约58株/亩。2023年8月调查结果显示，林木平均胸径26.0 cm，平均树高20.6 m，平均蓄积量31.0 m³/亩。

图5-3　云浮林场灰木莲人工纯林

第二节　退化林修复典型技术模式

一、松材线虫危害马尾松林改造提升

（一）适用林分

已发生松材线虫病的松林，包括纳入国家松材线虫病疫情防控监管平台防控范围及其周边的马尾松纯林、马尾松和其他树种的混交林。

（二）目标林分和主导功能

目标林分是针阔或阔叶混交林，主导功能是公益林以生态防护为主、商品林以用材为主的多功能森林。

（三）实施措施

（1）松材线虫危害的马尾松纯林，采用全面优化方式，对松材线虫病疫情小班及其周边松林中的死亡松树小班内所有松树一次全部采伐，尽量保留原林分中的乡土阔叶树和珍贵树种，人工更新其他树种进行优化，种植74株/亩以上。公益林地要求营造多树种组成的阔叶混交林，促进形成地带性森林群落。商品林地引导营建阔叶混交林，亦可采取"珍贵树种+"模式进行优化，种植珍贵树种不少于30株/亩。自然条件恶劣地区及重要生态区域的受松材线虫病危害的松林，应采用带状或块状方式逐步采伐完并及时更新。

（2）松材线虫危害的马尾松与其他树种的混交林，采取伐松补阔的方式进行优化提升，即对松材线虫病疫情小班及其周边松林中的死亡松树进行采伐，伐除病疫木后，根据同一自然地理单元地块确定的优化目标，在林中空地补植乡土阔叶树种，营建乡土阔叶树混交林，种植珍贵树种不少于30株/亩。

（四）典型样地

广东省龙眼洞林场对松材线虫危害的马尾松林改造样地（图5-4），2008年通过间伐受害马尾松，保留生长健康的植株（主要是湿地松），选择乡土阔叶树种红锥、木荷、枫香进行补植套种，小块状混交。6年生，红锥平均树高7.8 m，胸径7.5 cm；枫香平均树高7.2 m，胸径6.9 cm；木荷平均树高5.3 m，胸径5.1 cm。林分总体上郁闭，保留松树与补植阔叶树形成针阔混交林，通过经营，促进林分向异龄复层混交林演替。

图5-4　广东省龙眼洞林场松树与阔叶树混交林

二、低质低效马尾松林优化

（一）适用林分

马尾松林分生长发生衰退，功能与生态效益低下，无培育前途的"小老头林"或森林蓄积量显著低于同类立地条件经营水平，且龄组为近熟林及以上的马尾松林。

（二）目标林分和主导功能

目标林分是针阔或阔叶混交林，主导功能是公益林以生态防护为主、商品林以用材为主的多功能森林。

（三）实施措施

（1）马尾松纯林，采取块状优化或带状优化，即块状、带状伐除一定面积的松树纯林后，根据同一自然地理单元地块确定的优化目标，人工更新其他树种进行优化。块状优化采伐强度每次不低于低效松树纯林面积的1/3，每块面积不大于100亩；带状优化采伐宽度控制在30 m，带间保留30~60 m的间隔带。块状优化种植不少于74株/亩，带状优化种植不少于56株/亩。公益林地要求营造多树种组成的阔叶混交林，促进形成地带性森林群落。商品林地引导营建阔叶混交林，推行"珍贵树种+"的模式，种植珍贵树种不少于 30 株/亩。

（2）马尾松与其他树种的混交林，采取抽针补阔的方式优化，即通过抚育间伐，间松留阔，间密留稀，去劣留优，采伐后在林中随机均匀补植乡土阔叶树种，调整林分树种组成、密度或结构，提高阔叶树种比例；根据目的树种林木分布现状，补植后阔叶树种应达到 56 株/亩以上。

（四）典型样地

韶关市国有韶关林场马尾松林改造样地（图 5-5），20 年生马尾松林平均保留株数为 412.5 株/hm^2，间伐后保留木平均树高 16.8 m，平均胸径 25.3 cm，平均蓄积量 111.6 m^3/hm^2。第二次间伐后套种更新层树种为楝叶吴茱萸（*Evodia glabrifolia*）、木荷、灰木莲、樟、枫香、火力楠、红锥等 7 个阔叶树种。7 个参试树种中，2.5 年生树高生长最快的是楝叶吴茱萸，平均树高 4.4 m；其次是枫香、红锥、木荷、灰木莲 4 个树种，平均树高 3.7 m。套种的 7 个阔叶树种生长良好，马尾松纯林向异龄复层混交林演潜。

图5-5　韶关市国有韶关林场马尾松林改造

三、松杉低产林间伐补植补造

（一）适用林分

杉木、马尾松、国外松等树种，多代连作或多代萌生的低产林。

（二）目标林分和主导功能

目标林分是针阔混交林，主导功能是以用材为主的多功能林。

（三）实施措施

保留生长健壮、有培育潜力的目的树种，采伐生长衰退、无培育前途的林木。在林冠下或林中空地，团状补植木荷、红锥、火力楠、格木、大叶栎（*Quercus griffithii*）、檫木（*Sassafras tzumu*）、樟、桢楠等乡土阔叶树种，调整树种组成结构，形成针阔混交林。

（四）典型样地

广东省德庆林场红锥+杉木混交林（图5-6）。2014年按3∶1实生苗造林的红锥+杉木混交林，初植株行距为2 m×2 m（密度167株/亩），种植后的前5年进行扩穴培土，除草施肥割灌修枝，于2019年间伐，现保留约62株/亩，主要为红锥。2023年8月调查结果显示，林木平均胸径15.2 cm，平均树高14.3 m，平均蓄积量8.5 m³/亩。

图5-6 广东省德庆林场红锥+杉木混交林

四、低质低效桉树纯林优化

（一）适用林分

经过多轮采伐导致生长发生衰退、地力退化，且龄组为近熟林及以上的桉树林；或已放弃经营的桉树林；或到采伐期的商品林桉树林。

（二）目标林分和主导功能

目标林分是针阔或阔叶混交林，主导功能是公益林以生态防护为主、商品林以用材为主的多功能森林。

（三）实施措施

（1）公益林范围内的低质低效桉树纯林，采取块状优化或带状优化，即块状、带状伐除一定面积的桉树，根据同一自然地理单元地块确定的优化目标，人工更换乡土阔叶树种进行优化。块状优化采伐强度每次不低于低效桉树纯林面积的1/3，每块面积不大于100亩；带状优化采伐宽度控制在30 m，带间保留30~60 m的间隔带。块状优化种植乡土阔叶树种不少于74株/亩，带状优化种植乡土阔叶树种不少于56株/亩，营造多树种组成的阔叶混交林。

（2）商品林范围内的低质低效桉树纯林，采取全面优化方式改造提升，即到轮伐期后将小班内所有桉树一次全部伐完后，尽量保留原林分中的乡土阔叶树和珍贵树种，人工更新其他树种，种植密度不少于74株/亩，引导营造多树种组成的阔叶混交林，推行"珍贵树种+"模式，种植珍贵树种不少于30株/亩。

（四）典型样地

肇庆市国有大南山林场珍贵树种+桉树混交林（图5-7）。桉树强度间伐后套种红锥、桢楠、降香黄檀（*Dalbergia odorifera*）等珍贵树种，改造6年后桉树密度为225株/hm^2，平均胸径29.6 cm。珍贵树种生长状况良好，其中红锥平均树高7.5 m，桢楠平均树高6.5 m，降香黄檀平均树高4.5 m。

图5-7　肇庆市国有大南山林场珍贵树种+桉树混交林

五、分布不合理的桉树纯林改造

(一) 适用林分

位于自然保护区或重要水源保护地、饮用水源保护区范围内的桉树纯林。

(二) 目标林分和主导功能

目标林分是阔叶混交林，主导功能是以生态防护为主的多功能森林。

(三) 实施措施

采取块状、带状改造，即块状、带状伐除一定面积的桉树后，人工更换乡土阔叶树种进行改造优化。块状优化采伐强度每次不低于桉树纯林面积的1/3，每块面积不大于100亩。带状优化采伐宽度控制在30 m，带间保留30~60 m的间隔带。

根据同一自然地理单元地块确定的优化目标，块状优化种植乡土阔叶树种不少于74株/亩，带状优化种植乡土阔叶树种不少于56株/亩，营造多树种组成的阔叶混交林，促进形成地带性森林群落。

(四) 典型样地

珠海市银坑水库人工阔叶混交林（图5-8）。2007—2009年由桉树改造而成的人工阔叶混交林，主要树种为山杜英、枫香、铁冬青、木荷、幌伞枫（*Heteropanax fragrans*）、山乌桕、灰木莲、翻白叶树、台湾相思等，改造后连续3年抚育，林分密度约为88株/亩。2023年9月调查结果显示，样地林木平均胸径8.1 cm，平均树高5.7 m，平均冠幅2.5 m，平均蓄积量1.5 m³/亩。

图5-8 珠海市银坑水库人工阔叶混交林

六、桉树纯林近自然修复

（一）适用林分

多代连作的桉树纯林。

（二）目标林分和主导功能

目标林分是阔叶混交林，主导功能是公益林以生态防护为主、商品林以用材为主的多功能森林。

（三）实施措施

采取抚育间伐措施，降低林分密度，补植相思、降香黄檀、米老排等乡土珍贵树种。利用相思等树种的土壤改良作用，实现对桉树纯林立地的改善，培育桉树－相思、桉树－米老排、桉树－降香黄檀等混交林。

（四）典型样地

佛山市云勇林场桉树纯林（图5-9）。2021年进行造林，主要树种为樟、木荷、乐昌含笑和火力楠等，进行分组随机混交，种植密度89株/亩；种植穴规格为50 cm×50 cm×40 cm，每穴施基肥0.5 kg；造林当年和翌年各抚育2次，追肥1次，施复合肥0.4 kg/株；第三年抚育1次、追肥1次。3年生造林成活率95.8%，平均树高4.8 m，平均胸径5.2 cm，平均蓄积量0.6 m³/亩。

图5-9　佛山市云勇林场桉树改造阔叶混交林

七、相思纯林改造

（一）适用林分

老弱过熟长势差的大叶相思（*Acacia auriculiformis*）或马占相思纯林。

（二）目标林分和主导功能

目标林分是阔叶混交林，主导功能是公益林以生态防护为主、商品林以用材为主的多功能森林。

（三）实施措施

采取抚育间伐措施，降低林分密度，补植红锥、樟、木荷等珍贵阔叶树种，形成阔叶混交林，补植后林分密度约60株/亩。

（四）典型样地

江门市古兜山林场2010年对马占相思进行林分改造后保存下来的阔叶混交林（图5-10）。现保留密度约60株/亩；优势树种为马占相思和红锥。2023年12月调查结果显示，林木平均树高9.1 m，平均胸径11.5 cm，平均蓄积量3.1 m³/亩。

图5-10 江门市古兜山林场相思林改造混交林

第三节 森林抚育典型技术模式

一、杉木大径材抚育

（一）适用林分
杉木人工林。

（二）目标林分和主导功能
目标林分是杉阔混交林，主导功能是以用材为主的多功能林。

（三）实施措施
幼龄林阶段，松土除草、除蘖、除萌、割灌。幼林郁闭到中龄林阶段，适时采伐部分林木。林龄9~11年，开始第一次间伐，保留密度1350~1650株/hm²。林龄16~18年时，进行第二次间伐，选择目标树，采伐干扰树，保留密度1050~1200株/hm²，适度修枝。在林窗补植栎类、楠木、檫木、木荷等树种。采用小面积皆伐或单株择伐作业法经营。

（四）典型样地
广东省天井山林场1985年种植的杉木纯林（图5-11）。初植密度230株/亩，种植后连续抚育3年，2002年间伐1次，培育大径材杉木林，现保留密度100株/亩。2023年10月调查结果显示，林木平均胸径17.1 cm，平均树高20.0 m，平均蓄积量23.8 m³/亩。

图5-11 广东省天井山杉木大径材林

二、马尾松大径材抚育

（一）适用林分

马尾松人工林或天然林。

（二）目标林分和主导功能

目标林分是松阔混交林，主导功能是以用材为主的多功能林。

（三）实施措施

在幼龄林中采用透光伐，在中龄林中采取疏伐、生长伐。间隔期5年，间密留稀，留优去劣，调节林分密度。在中龄林阶段选择并标记目标树，采伐干扰树，目标树密度90~120株/hm^2，目标直径50 cm，适度修枝。在林下采用团状或随机补植，林窗补植栎类、楠木、红锥等乡土珍贵阔叶树种，培育目标直径50 cm。马尾松达到目标直径后择伐，选择并标记阔叶目标树，采伐干扰树，培育成以珍贵阔叶树种为主的混交林。

（四）典型样地

信宜市林业科学研究所六梢基地2002年造林的高脂马尾松（图5-12）。种植密度110株/亩，前三年每年抚育施肥1次。2016年，15年生后，适当间伐，伐去被压木、枯立木，保留优势树750株/hm^2。2019年开始疏伐，间伐前平均胸径15.6 cm，平均树高14.3 m，平均蓄积量7.2 m^3/亩，间伐强度50%。以生长良好、主干通直的优势木作为大径材培育目标，伐除胸径生长量较小的被压木，保留密度55株/亩。

图5-12 信宜高脂马尾松林

三、桉树中大径材培育

（一）适用林分
桉树人工林。

（二）目标林分和主导功能
目标林分是阔叶混交林，主导功能是以用材为主的多功能林。

（三）实施措施
间伐 2 次，造林密度 1333~2222 株/hm² 的林分，林龄 4~5 年时第 1 次间伐，林龄 8~9 年时第 2 次间伐。每次间伐强度不超过株数的 30%，最终保留密度为 500~600 株/hm²。第 1 次间伐后补植乡土珍贵阔叶树种形成异龄复层混交林。

（四）典型样地
阳春市河朗镇司马林场 2009 年造林的桉树纯林（图 5-13）。株行距 2 m×2 m，种植密度 165 株/亩，前 3 年每年抚育施肥 1 次。2012 年 10 月实施间伐，伐除胸径小于 8 cm 的被压木，保留优势树约 120 株/亩，间伐后翌年施桉树专用肥 1 kg/株。2015 年开始第二次间伐，间伐前林分平均胸径 15.6 cm，平均树高 14.3 m，间伐强度约 20%，间伐后翌年施桉树专用肥 1 kg，保留主干通直、生长健康、树干圆润的优势木，密度 90~95 株/亩。3 年后即 2015 年 12 月进行主伐，主伐时平均树高 22.3 m，平均胸径 21.8 cm，平均蓄积量 37.3 m³/亩。

图5-13　阳春市河朗镇司马林场桉树大径材林

四、红锥大径材培育

(一) 适用林分

红锥人工纯林。

(二) 目标林分和主导功能

目标林分是阔叶混交林,主导功能是公益林以生态防护为主、商品林以用材为主的多功能森林。

(三) 实施措施

林分优势木平均高 15 m 时,开始选择目标树,目标树密度 100~120 株/hm^2,采伐干扰树。注意保护目标树以及有可能成为第二代目标树的天然更新幼树。开展人工修枝,提高目标树干材质量。完成目标树选择,并伐除干扰树后 1~2 年内,在目标树基部根际范围内修筑水肥坑,将目标树上坡周围 3~5 m 范围内所有枯落叶归集到水肥坑内覆盖松土,厚度 20 cm 左右。

(四) 典型样地

广东省龙眼洞林场 2008—2009 年人工造林的红锥纯林(图5-14)。种植密度约为 54 株/亩。2023 年 9 月调查结果显示,样地林木平均胸径 19.6 cm,平均树高 17.1 m,平均蓄积量 14.1 m^3/亩。

图5-14 广东省龙眼洞林场红锥大径材林

五、闽楠大径材培育

（一）适用林分
立地条件好的闽楠人工林。

（二）目标林分和主导功能
目标林分是阔叶复层异龄混交林，主导功能是公益林以生态防护为主、商品林以用材为主的多功能森林。

（三）实施措施
加强幼林抚育，延长抚育年限至5~6年。在幼龄林中采用透光伐，在中龄林中采取疏伐、生长伐。在中龄阶段选择并标记目标树，采伐干扰树。目标树密度90~110株/hm^2，目标直径55 cm。采用目标树单株择伐作业法经营，形成复层异龄林。

（四）典型样地
阳春河朗司马林场闽楠＋桃花心木（*Swietenia mahagoni*）混交林（图5-15）。桃花心木为2006年造林，2008年雪灾受害严重，离地面3 m处截干培育绿化大苗，保留密度约50株/亩。2016年补植闽楠，实生苗造林，苗高60 cm，补植密度约45株/亩，连续抚育3年。7年生平均树高7.6 m，平均胸径7.8 cm，闽楠平均蓄积量0.9 m^3/亩。

图5-15　阳春河朗司马林场闽楠+桃花心木混交林

六、阔叶混交林抚育

（一）适用林分
阔叶树种林分。

（二）目标林分和主导功能
目标林分是阔叶复层混交林，主导功能是以生态防护为主的多功能森林。

（三）实施措施
选择和标记樟、栎类、栲类等珍贵树种的目标树，采伐干扰树。目标树密度90~120株/hm²，采取人工促进珍贵阔叶树种更新，使其演替为阔叶复层混交林。采用单株择伐作业法经营。

（四）典型样地
广东省西江林场阔叶混交林（图5-16）。为2013年实生苗造林的阔叶混交林，造林树种有木荷、樟、红花荷（*Rhodoleia championii*）、米老排、木荷，优势树种为木荷，初植株行距为2 m×3 m，密度111株/亩，种植后连续3年抚育，2020—2022年进行了除草。2023年8月调查结果显示，林木平均胸径9.6 cm，平均树高8.7 m，平均蓄积量3.9 m³/亩。

图5-16 广东省西江林场阔叶混交林

七、珍贵树种培育

（一）适用林分
亚热带热带珍贵树种人工林或含珍贵树种的天然次生林。主要珍贵树种包括印度紫檀（*Pterocarpus indicus*）、降香黄檀、沉香（*Aquilaria agallocha*）、柚木（*Tectona grandis*）、格木、红锥、蚬木（*Excentrodendron tonkinense*）、西南桦、锥栗、栲、甜槠、细叶青冈（*Cyclobalanopsis gracilis*）、樟、南方红豆杉、红椿（*Toona ciliata*）、香椿（*T. sinensis*）、土沉香、苏木（*Biancaea sappan*）、观光木、鹅掌楸（*Liriodendron chinense*）、铁力木（*Mesua ferrea*）等。

(二) 目标林分和主导功能

目标林分是珍贵阔叶树种混交林，主导功能是公益林以生态防护为主、商品林以用材为主的多功能森林。

(三) 实施措施

加强抚育管护，对人工中幼林实施透光伐、疏伐、生长伐、卫生伐、修枝和施肥等，选择目标树，采伐干扰树，单株择伐。对立地条件较好的、有珍贵树种幼树的天然林，通过抚育间伐、补植补造和林冠下造林等措施，伐除林分内影响现有珍贵树种生长的非目的树种，对保留的珍贵树种进行除萌、修枝、整形等抚育措施，采取目标树单株经营技术，定向培育珍贵树种天然混交林。

(四) 典型样地

广东省连山林场红锥+木荷混交林（图5-17）。为2003年实生苗造林的"红锥+木荷"混交林，初植密度196株/亩，种植后连续3年抚育，2016年和2019年间伐培育大径材林，现保留密度100株/亩。2023年10月调查结果显示，林木平均胸径14.8 cm，平均树高14.3 m，平均蓄积量12.4 m³/亩。

图5-17 广东省连山林场红锥+木荷混交林

第六章
广东森林质量精准提升目标林分

广东地处 109°45′~117°20′E、20°09′~25°31′N，北回归线横贯而过，自北向南形成三个不同的气候带类型：中亚热带、南亚热带和热带北缘，繁生着茂盛的亚热带和热带植物，具有与气候带相适生的森林典型林分。广东省林业局组织调查组，针对广东三个气候带具有代表性的典型天然林和森林质量提升的人工林开展了重点调查，本章将展示其林分生长情况，阐述其树种组成、林龄、主要技术措施和生长表现。天然典型林分是森林质量精准提升的目标，人工典型林分能体现森林质量精准提升的成效。

第一节 广东中亚热带森林质量精准提升目标林分

广东北部大部分地区属中亚热带气候区域，主要分布在北纬 24° 以北的地域，其地带分布为北起广东北界，南至怀集—英德—翁源—连山—和平一线以北的所有地界。本气候带年平均气温 19~21℃，全年日平均气温≥10℃的积温 5900~6700℃，年平均降水量 1400~1800 mm。

一、中亚热带天然林质量精准提升目标林分

中亚热带天然森林植被在广东地区位于南岭山脉一带，主要包括亚热带常绿阔叶林、亚热带常绿季雨林、亚热带针叶林、亚热带草坡等，具有丰富的植物种类和独特的生态特性。亚热带常绿阔叶林是中亚热带地区的最具代表性的地带性植被，其中，中亚热带低山常绿阔叶林主要分布于海拔 800 m 以下地区，主要树种以锥属、润楠属、蕈树属（*Altingia*）等植物为主，如广东省南岭国家级自然保护区米槠＋鹿

角锥天然林（图6-1）；中亚热带山地常绿阔叶林主要分布于海拔800 m以上的山地，以木荷属、锥属、青冈属植物为代表。在南岭山脉海拔1000 m地区少量分布有原生性亚热带常绿针叶林，以广东松、长苞铁杉（*Nothotsuga longibracteata*）、福建柏（*Chamaecyparis hodginsii*）等针叶树种为主。在海拔200 m以下山地的谷底地区，零散分布有亚热带常绿季雨林，但分布不够典型。

广东省南岭国家级自然保护区米槠+鹿角锥天然林，优势树种为米槠和鹿角锥，其他树种还有栲、甜槠、钩锥（*Castanopsis tibetana*）、樟、化香树（*Platycarya strobilacea*）等，林分密度约121株/亩。2023年10月调查结果显示，林木平均胸径19.5 cm，平均树高16.4 m，平均蓄积量30.0 m³/亩。

图6-1　广东省南岭国家级自然保护区米槠+鹿角锥天然林

二、中亚热带森林质量精准提升目标林分

本区域造林以营建固碳效果好、生态经济效益高、群落稳定性强、多功能效益显著的阔叶混交或针阔叶混交林为主。根据本区域的森林植被类型和区域内的气候、土壤、水文等因素,筛选适宜本区域的主栽树种和其他树种。营造阔叶纯林和混交林、针阔混交林、针叶林。

(一) 阔叶纯林

由于过去粤北中亚热带地区人工栽培树种主要为杉木,阔叶树种培育起步较晚,在人工林分中阔叶林林分面积占比较小,树种较单一。近20年来,开始对低质低效的马尾松林与杉木林采取改造优化,使杉木、马尾松纯林向阔叶纯林、多树种阔叶混交林、珍贵树种混交林转变。然而,在早期的改造过程中,不少针叶林被改造成了阔叶纯林,粤北中亚热带地区林场常见阔叶树种有木荷、红锥、樟、火力楠、枫香、米老排等。

1. 广东省天井山林场米老排纯林

1991年实生苗造林的米老排纯林(图6-2),初植密度110株/亩,现保留密度约80株/亩。2023年10月调查结果显示,林木平均胸径28.2 cm,平均树高24.2 m,平均蓄积量54.7 m³/亩。

2. 广东省乐昌林场红锥纯林

2001年实生苗造林的红锥纯林(图6-3),初植密度170株/亩,造林后前3年进行6次全铲抚育并定株,2020年前保留密度80~140株/亩。2023年10月调查结果显示,林木平均胸径18.9 cm,平均树高16.0 m,平均蓄积量25.2 m³/亩。

图6-2　广东省天井山林场米老排纯林

图6-3 广东省乐昌林场红锥纯林

(二)针阔混交林

营造针阔混交林是提高针叶林林分质量及生态功能较理想方法之一,能够有效改善林分生物量、光能利用率、土壤理化性质、土壤肥力和蓄水保水能力等生态指标。近年来,杉木纯林改造使纯林逐步向杉木+乡土阔叶树种、杉木+珍贵树种的针阔混交林分转变。粤北中亚热带地区林场常见与杉木混交的乡土阔叶树种有木荷、红锥、火力楠、乐昌含笑、深山含笑（*Michelia maudiae*）、山杜英、枫香等。广东是全国林业大省，林业产值连续多年位居全国前列，木材加工业贡献占比达40%以上，全省工业木材消费量保持增长，全省对珍贵树种大径级木材的需求日益增加，木材供需矛盾突出。通常珍贵用材树种生长都较为缓慢，加上粤北中亚热带地区乡土珍贵树种的培育起步较晚，目前未能形成较大规模的珍贵树种大径材林。粤北中亚热带地区常见与杉木混交的珍贵树种有闽楠、樟、格木等。广东代表性的人工针阔混交林有广东省乳阳林场杉木＋樟混交林（图6-4）、广东省天井山林场福建柏＋米老排混交林（图6-5）。

图6-4　广东省乳阳林场杉木+樟混交林

图6-5 广东省天井山林场福建柏+米老排混交林

1. 广东省乳阳林场杉木+樟混交林

2007年营造杉木林，株行距1.5 m×2.2 m，造林密度200株/亩，2008年间伐后补种樟，株行距按照2 m×2 m套种，密度167株/亩，种植后连续3年常规抚育，最终形成杉木+樟混交林，现保留密度180株/亩。2023年10月调查结果显示，林木平均胸径17.1 cm，平均树高11.8 m，平均蓄积量25.4 m³/亩。

2. 广东省天井山林场福建柏+米老排混交林

大坪管护站内福建柏+米老排混交林，林分原为1959年实生苗造林的福建柏纯林，1985年套种米老排，试验福建柏+米老排混交林，经过自然生长，现保留密度28株/亩。2023年10月调查结果显示，林木平均胸径25.1 cm，平均树高22.2 m，平均蓄积量14.2 m³/亩。

（三）针叶纯林

主要针叶纯林包括杉木林、秃杉林、福建柏林等，其他粤北中亚热带地区林场常见造林针叶树种还有南方红豆杉、柳杉（*Cryptomeria japonica*）、落羽杉

(*Taxodium distichum*)、池杉（*Taxodium distichum*）、湿地松、水杉（*Metasequoia glyptostroboides*）等。其中，杉木广泛种植于我国亚热带地区，也是粤北中亚热带山区最主要的栽培树种。广东代表性针叶林有广东省天井山林场杉木纯林（图6-6）、广东省连山林场杉木纯林（图6-7）和广东省乐昌林场红心杉纯林（图6-8）。

1. 广东省天井山林场杉木林

1985年种植的杉木林，初植密度230株/亩，种植后连续抚育3年，2002年间伐1次，培育大径材杉木林，现保留密度100株/亩。2023年10月调查结果显示，林木平均胸径17.1 cm，平均树高20.0 m，平均蓄积量23.8 m³/亩。

图6-6　广东省天井山林场杉木纯林

2. 广东省连山林场的杉木纯林

2002年实生苗造林，初植密度167株/亩，种植后连续3年抚育，间隔8年进行轻抚育（人工使用镰刀选择性清理乔灌杂木，保留草本层与有价值灌木），2021年起间伐培育大径材杉木林，现保留密度100株/亩。2023年10月调查结果显示，林木平均胸径16.5 cm，平均树高14.7 m，平均蓄积量16.6 m³/亩。

图6-7 广东省连山林场杉木纯林

3. 广东省乐昌林场后洞森林公园红心杉纯林

1974年种植，初植密度200株/亩，前3年常规抚育，第8年进行成林抚育，保留密度140株/亩，2013年间伐后保留密度70株/亩。2023年10月调查结果显示，林木平均胸径22.6 cm，平均树高19.3 m，平均蓄积量53.4 m³/亩。

图6-8 广东省乐昌林场红心杉纯林

第二节　广东南亚热带森林质量精准提升目标林分

广东省内南亚热带的范围大致包括怀集—清远—佛冈—龙川—梅县—大埔一线 24°N 以南的地区，西南面与热带北缘的季雨林区域相接，东南面包括部分沿海地区；主要包括肇庆市、清远市、惠州市、梅县地区、汕头市、茂名市、广州市的部分地区。本气候带年平均气温 20.7~22.8℃，全年日平均气温≥10℃的积温 6900~7690℃，年平均降水量 1500~2200 mm。受热带季风气候显著影响，水热丰富，有明显的雨季和旱季之分。

一、南亚热带天然林质量精准提升目标林分

季风常绿阔叶林是广东南亚热带地带性的代表类型，属于热带雨林、季雨林向中亚热带典型常绿阔叶林过渡的主要森林类型。南亚热带森林植被的植物种类丰富、植物群落结构复杂、生物多样性极高，组成季风常绿阔叶林的上层乔木以樟科、壳斗科、山茶科、桃金娘科、大戟科、豆科、桑科、锦葵科、芸香科、山矾科和冬青科等科为主，而中、下层乔木和林下灌木、草本层则含有较多的热带成分，如桃金娘科、大戟科、桑科、蝶形花科（Papilionaceae）、锦葵科、紫金牛科、茜草科等。在全世界同纬度地带只有中国孕育着大面积的亚热带常绿阔叶林，所以这类森林是中国特有的绿色宝库，包括肇庆市岳山林场南亚热带常绿阔叶林（图6-9）、汕尾市陆河县天然红锥纯林（图6-10）等。

（一）肇庆市岳山林场南亚热带常绿阔叶林

无人为干扰，优势树种为米槠和栲，其他树种有猴欢喜（Sloanea sinensis）、华润楠、网脉山龙眼（Helicia reticulata）、毛棉杜鹃（Rhododendron moulmainense）等，林分密度约 135 株/亩。2023 年 10 月调查结果显示，林木平均胸径 16.5 cm，平均树高 14.7 m，平均蓄积量 22.0 m³/亩。

图6-9　肇庆市岳山林场南亚热带常绿阔叶林

（二）汕尾市陆河县南方红锥林自然保护区天然红锥纯林

抚育措施为管护，林分密度约为 27 株/亩。2023 年 12 月调查结果显示，样地林木平均胸径 37.9 cm，平均树高 20.6 m，平均蓄积量 29.1 m³/亩。

图6-10　汕尾市陆河县天然红锥纯林

二、南亚热带森林质量精准提升目标林分

本区域造林以培育固碳强、生态经济效益高、群落稳定性强、生态景观好的阔叶混交林或针阔叶混交林为主要目标。根据本区域的森林植被组成、地理、气候、水文特点，筛选适宜本区域造林的主栽树种和其他树种，如樟科、壳斗科、大戟科、豆科、冬青科等为主的乡土阔叶树种，营建阔叶混交林。考虑到本区域森林群落演替中期为针阔混交林，结合森林群落演替原理以及森林经营过程的长短期经济、生态和社会效益，可适当种植以乡土阔叶树为主栽树种，以针叶树为伴生树种的针阔混交林。此外，由于本区域水热条件好，适宜培育大径级用材林。可根据经济效益需求、生态效益需求和社会效益需求，适当种植以乡土阔叶树种为目标树种，尤其以格木、红锥、木荷、火力楠等珍贵乡土阔叶树种为目标树种的阔叶纯林，以培育大径材林。

（一）阔叶混交林

有代表性的阔叶混交林有河源市新丰江水库人工阔叶混交林（图 6-11）、东莞市清溪镇人工阔叶混交林（图 6-12）、深圳市凤凰山森林公园人工阔叶混交林（图 6-13）、揭阳市揭东区埔田镇瞭望岽水库人工阔叶混交林（图 6-14）、河源市紫金县人工阔叶混交林（图 6-15）、广州市华南农业大学树木园阔叶混交林（图 6-16）、佛山市云勇林场尖叶杜英（*Elaeocarpus rugosus*）＋米老排混交林（图 6-17）、中山市树木园阔叶混交林（图 6-18）。

1. 河源市新丰江水库人工种植的阔叶混交林

主要树种为刺篱木（*Flacourtia indica*）、木荷、樟、黄牛木等，抚育措施为割灌、除草、松土、扩穴、施肥，林分密度约为52株/亩。2023年12月调查结果显示，样地林木平均胸径20.9 cm，平均树高14.4 m，平均蓄积量12.9 m³/亩。

图6-11 河源市新丰江水库人工阔叶混交林

2. 东莞市清溪镇人工改造的阔叶混交林

2019年改造，连续3年抚育，种植红锥、枫香、樟。2023年9月调查结果显示，林分密度约为85株/亩，林木平均胸径10.8 cm，平均树高9.0 m，平均蓄积量3.9 m³/亩。

图6-12　东莞市清溪镇人工阔叶混交林

3. 深圳市凤凰山森林公园人工改造的阔叶混交林

2007—2009年改造，主要树种为苦梓（*Gmelina hainanensis*）、枫香、鹅掌柴、木荷、栓皮栎（*Quercus variabilis*）、豺皮樟、天竺桂、山矾（*Symplocos sumuntia*）、润楠等，林分密度约为124株/亩。2023年9月调查结果显示，样地林木平均胸径13.3 cm，平均树高10.7 m，平均蓄积量9.9 m³/亩。

图6-13　深圳市凤凰山森林公园人工阔叶混交林

4. 揭阳市揭东区埔田镇瞭望岽水库人工种植的阔叶混交林

主要树种为木荷、黧蒴、马尾松、杉木、台湾相思、红锥等，抚育措施为割灌、除草、松土、扩穴、施肥，林分密度约为78株/亩。2023年12月调查结果显示，样地林木平均胸径9.5 cm，平均树高6.3 m，平均蓄积量2.0 m³/亩。

图6-14 揭阳市揭东区埔田镇瞭望崬水库人工阔叶混交林

5. 河源市紫金县紫城镇林田村人工种植的阔叶混交林

主要树种有木荷、海南红豆（*Ormosia pinnata*）、红锥等，抚育措施为管护，林分密度约为86株/亩。2023年12月调查结果显示，林木平均胸径12.3 cm，平均树高12.4 m，平均蓄积量6.9 m³/亩。

图6-15　河源市紫金县人工阔叶混交林

6. 华南农业大学树木园阔叶混交林

于20世纪90年代种植，退化后采用多种阔叶树种进行补植套种，优势树种为米槠、大叶相思、越南山矾（*Symplocos cochinchinensis*）等，林分密度约50株/亩。2023年12月调查结果显示，林木平均树高11.8 m，平均胸径16.3 cm，平均蓄积量6.4 m³/亩。

图6-16　华南农业大学树木园阔叶混交林

7. 佛山市云勇林场尖叶杜英＋米老排混交林

林地原为杉木采伐场，杉木采伐后于2004年实生苗营造的尖叶杜英＋米老排混交林，初植密度 80 株/亩，后自然更新，现保留密度约 35 株/亩。2023 年 12 月调查结果显示，林木平均树高 20.1 m，平均胸径 25.3 cm，平均蓄积量 16.0 m³/亩。

图6-17 佛山市云勇林场尖叶杜英+米老排混交林

8. 中山市树木园阔叶混交林

2003 年实生苗营造的木兰科植物混交林，初植密度 100 株/亩，经过自然更新，现保留密度约 60 株/亩。2023 年 12 月调查结果显示，林木平均树高 9.9 m，平均胸径 15.8 cm，平均蓄积量 6.1 m³/亩。

图6-18 中山市树木园阔叶混交林

(二) 针阔混交林

代表性针叶混交林有广东省云浮林场木荷+杉木人工混交林（图6-19）。广东省云浮林场茶塘管护站1989年实生苗营造的木荷+杉木混交林，近20年无抚育，现保留密度约54株/亩。2023年8月调查结果显示，林木平均胸径22.1 cm，平均树高17.5 m，平均蓄积量18.1 m³/亩。

图6-19 广东省云浮林场木荷+杉木人工混交林

（三）阔叶纯林

代表性阔叶纯林有广东省东江林场木荷人工纯林（图6-20）、广东省九连山林场红锥人工纯林（图6-21）、广东省云浮林场火力楠人工纯林（图6-22）、广东省德庆林场格木人工纯林（图6-23）、广东省西江林场米老排纯林（图6-24）。

1. 广东省东江林场木荷人工纯林

林分密度约为100株/亩，抚育措施为割灌除草。2023年12月调查结果显示，样地林木平均胸径15.7 cm，平均树高11.4 m，平均蓄积量11.6 m³/亩。

图6-20　广东省东江林场木荷人工纯林

2. 广东省九连山林场红锥人工纯林

林分密度约为30株/亩,抚育措施为割灌除草。2023年12月调查结果显示,样地林木平均胸径21.4 cm,平均树高15.1 m,平均蓄积量8.2 m³/亩。

图6-21 广东省九连山林场红锥人工纯林

3. 广东省云浮林场茶塘管护站火力楠人工纯林

1982年实生苗造林的火力楠+杉木混交林,初植密度为167株/亩,造林后连续3年进行割灌除草、修枝。1998年将杉木全部伐除,只保留火力楠,并于2004和2023年各抚育伐1次,现保留密度25株/亩。2023年8月调查结果显示,火力楠平均胸径28.4 cm,平均树高19.7 m,平均蓄积量15.1 m³/亩。

图6-22 广东省云浮林场火力楠人工纯林

4. 广东省德庆林场三坑工区格木人工纯林

1931年实生苗造林的格木人工纯林,栽培后自然生长,现保留密度约47株/亩。2023年8月调查结果显示,林木平均胸径33.4 cm,平均树高19.3 m,平均蓄积量37.5 m³/亩。

图6-23 广东省德庆林场格木人工纯林

5. 广东省西江林场鼎湖管护站米老排人工纯林

2006年实生苗造林的米老排纯林，初植株行距为 2 m×3 m，密度 111 株/亩，种植后连续抚育 3 年，于 2019 年抚育 1 次。2023 年 8 月调查结果显示，林木平均胸径 15.9 cm，平均树高 15.1 m，平均蓄积量 16.7 m^3/亩。

图6-24　广东省西江林场米老排人工纯林

第三节　广东热带北缘森林质量精准提升目标林分

广东热带北缘地区位于廉江—安铺—化州—茂名—阳江—儒垌一带以下地区，主要包括雷州半岛，大致在 21°34'~22°N 以南地区。本地属热带北缘季风气候，年平均气温在 22~24℃，无霜期 358~365 天，年降水量 1300~2300 mm。夏秋间多台风，每年登陆台风 2~3 次，冬季则盛吹北风。

一、热带北缘天然林质量精准提升目标林分

广东热带北缘天然林植被类型主要为热带季雨林和热带山地雨林两类。热带季雨林多分布在海拔 300 m 以下的近海丘陵、台地阶地以及背风盆地和河谷。热带季雨林的群落结构，与热带雨林相比，群落的层次较少，乔木只有 2~3 层，高度也相对较矮，第一层乔木树冠较整齐而连续，且各层次划分较明显，乔木层之下是灌木层和草本层，如湛江市徐闻县天然季雨林（图 6-25）。热带山地雨林主要分布于雷州半岛，最北可达粤西阳江市阳西、阳春两地交界的河尾山和茂名信宜市云开大山一带，如湛江市廉江市米槠天然次生纯林（图 6-26）。

（一）热带季雨林

湛江市徐闻县下桥镇西岭天然阔叶混交季雨林，优势树种为白颜树和白背叶（*Mallotus apeta*），无人为干扰，林分密度约 118 株/亩。2023 年 9 月调查结果显示，林木平均胸径 13.5 cm，平均树高 9.7 m，平均蓄积量 8.8 m³/亩。

图6-25　湛江市徐闻县天然季雨林

(二)热带山地雨林

湛江廉江市和寮镇根竹嶂森林公园 1960 年原始森林被采伐后天然更新的米槠天然次生纯林,无人为经营,林分密度约 45 株/亩。2023 年 9 月调查结果显示,林木平均胸径 24.1 cm,平均树高 15.4 m,平均蓄积量 15.6 m³/亩。

图6-26 湛江廉江市米槠天然次生纯林

二、热带北缘森林质量精准提升目标林分

本区域造林以培育(珍贵)大径材兼顾高效固碳、生态经济效益好、森林多功能效益突出的阔叶混交林为主,结合本区域水热条件丰富,可营造恢复热带季雨林以及适合本区域生长的树种的大径级用材林,如桉树大径材林等。此外,根据本区域台风较多的实际,可在近海岸区域多营造沿海防护林。

（一）营造恢复热带季雨林

中林集团雷州林业局有限公司遂溪林场分公司于2021年在湛江市遂溪县岭北镇螺岗岭桉树林改造中，营造以木荷、红锥、火力楠、坡垒等阔叶树种为主的阔叶混交林，推动热带季雨林恢复（图6-27）。

图6-27　营造恢复热带季雨林

（二）沿海防护林

沿海防护林代表性针叶林有湛江吴川市木麻黄（*Casuarina equisetifolia*）人工纯林（图6-28）。

湛江吴川市吴阳镇秧义村2013年实生苗造林的木麻黄人工纯林，种植后连续3年抚育，初植株行距2 m×2 m，种植密度约167株/亩。2023年9月调查结果显示，林木平均胸径14.7 cm，平均树高16.3 m，平均蓄积量24.7 m³/亩。

图6-28 湛江吴川市木麻黄人工纯林

参考文献

安元强，郑勇奇，曾鹏宇，等，2016. 我国林木种质资源调查现状与策略研究 [J]. 世界林业研究，29(2): 76-81.

卜文圣，臧润国，丁易，等，2013. 海南岛热带低地雨林群落水平植物功能性状与环境因子相关性随演替阶段的变化 [J]. 生物多样性，21(3): 278-287.

常学向，赵文智，田全彦，2023. 干旱区气候变化及其对山地森林生态系统稳定性和水文过程影响研究进展 [J]. 干旱区地理，47(2):228-236.

陈爱桃，王艳军，王桂鑫，2023. 近自然经营理论在森林景观恢复中的应用探讨 [J]. 安徽农学通报，29(5): 66-69.

陈昌雄，曹祖宁，魏铖敢，等，2009. 天然常绿阔叶林数量化地位指数表的编制 [J]. 林业勘察设计 (2): 1-4.

陈传国，薛春泉，汪求来，等，2020. 基于 2017 年森林资源连续清查样地的广东省典型植被型植物多样性研究 [J]. 林业与环境科学，36(2): 60-65.

陈健波，周卫玲，黄开勇，等，2010. 澳大利亚的森林经营、林业研究及启示 [J]. 广西林业科学，39(2): 112-114+116.

陈磊，米湘成，马克平，2014. 生态位分化与森林群落物种多样性维持研究展望 [J]. 生命科学，26(2): 112-117.

陈幸良，巨茜，林昆仑，2014. 中国人工林发展现状、问题与对策 [J]. 世界林业研究，27(6): 54-59.

陈永富，臧润国，岳天祥，等，2020. 中国森林植被 [M]. 北京：中国林业出版社．

邓海燕，莫晓勇，2017. 森林质量精准提升综述 [J]. 桉树科技，34(2): 37-44.

邓剑，2013. 风水林的生态特征及保育价值探讨 [J]. 黑龙江生态工程职业学院学报，26(5): 9-10.

杜志，胡觉，肖前辉，等，2020. 中国人工林特点及发展对策探析 [J]. 中南林业调查规划，39(1): 5-10.

高均凯，2007. 澳大利亚的森林经营及其对我国的启示 [J]. 世界林业研究，20(3): 56-60.

巩垠熙，高原，仇琪，等，2013. 基于遥感影像的神经网络立地质量评价研究 [J].

中南林业科技大学学报，33(10): 42-47+52.

广东省科学院丘陵山区综合科学考察队，1991. 广东山区植被 [M]. 广州：广东科技出版社.

广东省植物研究所，1976. 广东植被 [M]. 北京：科学出版社.

国家林业和草原局，2019. 中国森林资源报告（2014—2018）[M]. 中国林业出版社.

国家林业局，2018. 全国森林经营规划 2016—2050 [M]. 北京：中国林业出版社.

胡中洋，刘锐之，刘萍，2020. 建立森林经营规划与森林经营方案编制体系的思考 [J]. 林业资源管理 (3): 11-14+71.

黄彩凤，梁晶晶，张燕林，等，2021. 森林凋落物特性及对土壤生态功能影响研究进展 [J]. 世界林业研究，34(4): 20-25.

黄东，谢晨，赵金成，等，2010. 澳大利亚多功能林业经营及其对我国的启示 [J]. 林业经济 (2): 117-121.

黄莉雅，罗敦，蒋燚，等，2023. 区域森林质量评价指标体系构建及等级划分 [J]. 广西林业科学，52(2): 262-267.

黄锐洲，许涵，刘家辉，等，2023. 广东省雷州半岛风水林斑块的植物多样性 [J]. 陆地生态系统与保护学报，3(4): 44-53.

黄伟程，高露双，赵冰倩，2023. 不同间伐强度下竞争对东北阔叶红松林主要树种生长—气候关系的影响 [J]. 北京林业大学学报，45(1): 30-39.

李建，彭鹏，何怀江，等，2017. 采伐对吉林蛟河针阔混交林空间结构的影响 [J]. 北京林业大学学报，39(9): 48-57.

李金刚，赵鹏，刘锡山，2009. 世界先进林业国家森林经营方式的启示 [J]. 林业勘查设计 (1): 1-3.

李俊清，2006. 森林生态学 [M]. 北京：高等教育出版社.

林思祖，黄世国，2001. 论中国南方近自然混交林营造 [J]. 世界林业研究，14(2): 73-78.

林源祥，杨学军，2003. 模拟地带性植被类型建设高质量城市植被 [J]. 中国城市林业，1(2): 21-24.

刘丹，于成龙，2017. 气候变化对东北主要地带性植被类型分布的影响 [J]. 生态学报，37(19): 6511-6522.

刘珉，2017. 德国林业的经营思想与发展战略 [J]. 林业与生态 (10): 23-25.

刘世荣，杨予静，王晖，2018. 中国人工林经营发展战略与对策：从追求木材产量的单一目标经营转向提升生态系统服务质量和效益的多目标经营 [J]. 生态学报，38(1): 1-10.

陆元昌，雷相东，王宏，等，2021. 森林作业法的历史发展与面向我国森林经营规划的三级作业法体系 [J]. 南京林业大学学报（自然科学版），45(3): 1-7.

罗兴惠, 2002. 美国森林健康经营与管理介绍 [J]. 贵州林业科技, 30(4): 56-58.

南方十四省杉木栽培科研协作组, 1981. 杉木产区立地类型划分的研究 [J]. 林业科学, 17(1): 37-45.

聂永胜, 2023. 贯彻近自然林经营理念, 助力森林经营水平提升 [J]. 中国林业产业 (9): 115-116.

盘李军, 许涵, 李艳朋, 等, 2023. 不同树种配置模式对人工林物种和功能多样性恢复的影响 [J]. 林业与环境科学, 39(1): 55-64.

彭少麟, 方炜, 1995. 鼎湖山植被演替过程中椎栗和荷木种群的动态 [J]. 植物生态学报, 19(4): 311-318.

石春娜, 王立群, 2007. 浅析森林资源质量内涵 [J]. 林业经济问题, 27(3): 221-224.

石丽丽, 王雄宾, 徐成立, 2013. 间伐干扰对冀北山地油松人工林群落演替趋势影响 [J]. 东北林业大学学报, 57(4): 43-58.

宋柱秋, 叶文, 董仕勇, 等, 2023. 广东省高等植物多样性编目和分布数据集 [J]. 生物多样性, 31(9):78-85.

孙友, 孙艳秋, 2008. 谈德国林业政策和经营模式对伊春林区林业发展的几点启示 [J]. 林业勘查设计 (3): 1-4.

唐守正, 2013. 林业发展要重视森林经营 [J]. 国土绿化 (4): 19.

唐守正, 2016. 正确认识现代森林经营 [J]. 国土绿化 (10): 11-15.

王宇飞, 刘婧一, 2022. 德国近自然林经营的经验及对我国森林经营的启示 [J]. 环境保护, 50(18): 63-66.

吴菲, 2010. 森林立地分类及质量评价研究综述 [J]. 林业科技情报, 42(1): 12+14.

吴涛, 2012. 国外典型森林经营模式与政策研究及启示 [D]. 北京: 北京林业大学.

邢丽娜, 2020. 森林质量精准提升制约因素及主要措施 [J]. 林业勘查设计, 49(2): 41-43.

徐大平, 丘佐旺, 2013. 南方主要珍贵树种栽培技术 [M]. 广州: 广东科技出版社.

徐瑞晶, 庄雪影, 莫惠芝, 等, 2012. 清远白湾石灰岩山区村落风水林植物物种多样性研究 [J]. 华南农业大学学报, 33(4): 513-518.

杨加志, 张红爱, 严玉莲, 等, 2019. 基于森林资源连续清查的广东省人工林资源动态分析 [J]. 林业与环境科学, 35(2): 95-99.

杨龙, 郑艳伟, 张玉玲, 2017. 广东南岭国家级自然保护区综合地理考察研究 [M]. 广州: 华南理工大学出版社.

杨期和, 陈美凤, 赖万年, 等, 2012. 粤东地区客家风水林群落特征研究 [J]. 南方农业学报, 43(12): 2040-2044.

杨期和, 杨和生, 赖万年, 等, 2012. 梅州客家村落风水林的群落特征初探和价值浅析 [J]. 广东农业科学, 39(1): 56-59.

杨学云，2005. 浅议我国人工林的近自然林经营 [J]. 中南林业调查规划，24(4): 7-9.

叶华谷，徐正春，吴敏，等，2013. 广州风水林 [M]. 武汉：华中科技大学出版社.

叶万辉，曹洪麟，黄忠良，等，2008. 鼎湖山南亚热带常绿阔叶林 20 公顷样地群落特征研究 [J]. 植物生态学报，32(2): 274-286.

余作岳，彭少麟，1999 热带亚热带退化生态系统植被恢复生态学研究 [M]. 广州：广东科技出版社.

曾兰华，温美霞，刘曙，等，2015. 客家地区农村风水林群落调查及保护——以梅州市龙村镇为例 [J]. 亚热带水土保持，27(4): 28-33+43.

詹昭宁，关允瑜，1986. 森林收获量预报：英国人工林经营技术体系 [M]. 北京：中国林业出版社.

张方秋，曾令海，李小川，等，2014. 广东森林碳汇造林理论与实践 [M]. 北京：中国林业出版社.

张会儒，2007. 基于减少对环境影响的采伐方式的森林采伐作业规程进展 [J]. 林业科学研究，20(6): 867-871.

张会儒，雷相东，李凤日，2020. 中国森林经理学研究进展与展望 [J]. 林业科学，56(9): 130-142.

张会儒，雷相东，张春雨，等，2019. 森林质量评价及精准提升理论与技术研究 [J]. 北京林业大学学报，41(5): 1-18.

张万儒，1997. 中国森林立地 [M]. 北京：科学出版社.

张万儒，盛炜彤，蒋有绪，等，1992. 中国森林立地分类系统 [J]. 林业科学研究，5(3): 251-262.

张煜星，王祝雄，2007. 遥感技术在森林资源清查中的应用研究 [M]. 北京：中国林业出版社.

张志达，李世东，1999. 德国生态林业的经营思想、主要措施及其启示 [J]. 林业经济 (2): 62-71.

赵良平，潘宏阳，王福祥，等，2004. 澳大利亚营造林和森林病虫害防治技术给我们的启迪与思考 (I)[J]. 中国森林病虫，23(2): 37-41.

赵士洞，张永民，赖鹏飞，2007. 千年生态系统评估报告集 [M]. 北京：中国环境科学出版社.

赵文华，汪峰，董健，等，2002. 日本落叶松纸浆林多型地位指数表的研制 [J]. 辽宁林业科技 (2): 14-16.

郑德平，1988. 地带性植被在森林经营中的地位 [J]. 华东森林经理，2(1): 40-42.

中国林业科学研究院热带林业研究所，2019. 华南森林植被调查报告（内部资料）.

朱华，2018. 中国热带生物地理北界的建议 [J]. 植物科学学报，36(6): 893-898.

庄雪影，2012. 广东珠三角地区与香港风水林植物组成及其保护 [J]. 广东林业科

技 , 28(1): 72-76.

Bauhus J, Forrester D I, Gardiner B, et al, 2017. Ecological stability of mixed-species forests. In, Mixed-Species forests[M]. Springer, Berlin, Heidelberg, 337-382.

Chesson P, 2000. Mechanisms of maintenance of species diversity[J]. Annual Review of Ecology and Systematics, 31: 343-66.

Connell J H, 1978. Diversity in tropical rain forests and coral reefs[J]. Science, 199: 1302-1310.

FAO, 2020. Global Forest Resources Assessment 2020: Main report[R]. Rome.

MacArthur R H, Levins R, 1967. The limiting similarity, convergence, and divergence of coexisting species[J]. American Naturalist, 101: 377-385.

Roxburgh S H, Shea K, Wilson J B, 2004. The intermediate disturbance hypothesis: Patch dynamics and mechanisms of species coexistence[J]. Ecology, 85(2): 359-371.

Weiher E, Keddy P A, 1995. Assembly rules, null models, and trait dispersion: New questions from old patterns[J]. Oikos, 74: 159-164.

Zhang J, Fu B, Stafford-Smith M, et al, 2020. Improve forest restoration initiatives to meet Sustainable Development Goal 15[J]. Nature Ecology & Evolution, 5:10-13.

附录 I

广东省森林质量精准提升行动方案
（2023—2035 年）

森林是陆地生态系统的主体，是生态文明建设的基础，是水库、钱库、粮库、碳库，关乎国家生态安全，关系民生福祉。实施林分优化林相改善，提升森林质量，推进绿化、美化、生态化建设，打造人与自然和谐共生的广东样板，是新时代广东林业生态建设新征程上的新要求。为贯彻落实省委、省政府关于深入推进绿美广东生态建设的决策部署，科学有序推进森林质量精准提升行动工作，制定方案如下。

一、建设意义

（一）精准提升森林质量是贯彻落实习近平生态文明思想的重要举措

加大生态保护修复力度，精准提升森林质量，改善生态环境质量，提供更多优质生态产品满足人民日益增长的优美生态环境需求，是生态文明建设的应有之义。习近平总书记在中央财经领导小组第十二次会议以及多次参加义务植树活动时均强调，要开展大规模国土绿化行动，提高森林质量，推动国土绿化高质量发展。

（二）精准提升森林质量是贯彻落实党的二十大精神的重要行动

党的二十大报告指出，要加快实施重要生态系统保护和修复重大工程，科学开展大规模国土绿化行动，实施生物多样性保护重大工程，提升生态系统多样性、稳定性、持续性。

（三）精准提升森林质量是深入推进绿美广东生态建设的重要内容

《中共广东省委关于深入推进绿美广东生态建设的决定》提出推进绿美广东生态建设重点任务，实施森林质量精准提升行动，优化林分结构，持续改善林相，提升林分质量。并明确提出到2027年底全省完成林分优化提升1000万亩、森林抚育提升1000万亩的任务目标。

（四）精准提升森林质量是打造人与自然和谐共生现代化广东样板的重要基础

实施林分优化，提升森林质量，改善林相景观，培育稳定健康优质高效的森林生态系统，让自然美景永驻人间，还自然以宁静、和谐、美丽，有助于广东率先实现人与自然和谐共生现代化。

二、总体要求

（一）指导思想

坚持以习近平新时代中国特色社会主义思想为指导，全面贯彻党的二十大精神，深入贯彻习近平总书记对广东系列重要讲话和重要指示精神，认真践行习近平生态文明思想，以满足人民日益增长的美好生活需要为目的，高标准推进绿美广东生态建设，实施森林质量精准提升，逐步恢复地带性森林群落，推进森林绿化、美化、生态化建设，全面构建生态网络，加强生物多样性保护，提升森林生态系统多样性、稳定性、持续性，建设南粤秀美山川，打造人与自然和谐共生的广东样板，走出新时代绿水青山就是金山银山的广东路径，为我省在全面建设社会主义现代化国家新征程中走在全国前列、创造新的辉煌提供强有力的生态支撑。

（二）基本原则

1. 坚持统筹兼顾、科学谋划。着眼国际视野、中国特色，科学分析广东森林现状基底，尊重自然、顺应自然、保护自然，统筹考虑生态合理性和经济可行性，遵循森林群落自然演替规律，兼顾群众利益，从实际出发，先急后缓，稳妥推进。

2. 坚持因地制宜、分类施策。根据立地、水肥条件，结合区域主导功能、生态区位及森林类型，以问题为导向，采取人为适度干预和自然恢复相结合的综合技术措施，宜改则改、宜封则封、宜抚则抚，统筹安排，分类施策。

3. 坚持质量优先、务求实效。充分利用当地资源，在现有绿化成果上进行优化，在现有林相基础上进行提升，多做"加法"少做"减法"，坚决防止乱砍滥伐。坚定不移走高质量发展之路，求真务实，真抓实干，精准施策，加强监管。逐步提高工程建设投资标准，坚持高标准、高投入，培育稳定健康高效的森林生态系统。

4. 坚持政府主导、群策群力。充分发挥政府主导作用和市场资源配置作用，深化集体林权制度改革，创新投融资、采伐限额等体制机制，完善造林激励政策，调动社会力量参与森林质量精准提升的积极性。

（三）目标任务

2023—2035年，全省完成森林质量精准提升总任务4626万亩，其中林分优化提升1565万亩，森林抚育提升3061万亩。

前期2023—2027年，全省完成林分优化提升1000万亩，森林抚育提升1000万亩；至2027年年底，全省森林结构明显改善，森林质量持续提高，林分优化提升成效初现。

后期 2028—2035 年，完成林分优化提升 565 万亩，森林抚育提升 2061 万亩；至 2035 年，全省森林质量得到大幅度提升，森林结构更加优化，混交林比例达 60% 以上，单位面积森林生物量增量及碳汇能力进入全国前列，森林生态系统多样性、稳定性、持续性显著增强，生态网络系统基本构建，城乡人居环境优美，多树种、多层次的地带性森林群落成为南粤秀美山川的靓丽底色。

总任务 4626 万亩，按提升对象分：

1. 林分优化提升 1565 万亩，其中：人工造林 60 万亩；低质低效松树纯林优化提升 609 万亩；低质低效桉树纯林优化提升 490 万亩；其他低质低效林分优化提升 106 万亩；自然保护地林分优化提升 100 万亩；油茶新造 100 万亩，与优化提升任务重合；针阔混交林封育改造 200 万亩。

2. 森林抚育 3061 万亩，其中油茶低改 100 万亩。

三、建设内容

以自然山脉、水系为治理单元，统筹山水林田湖草沙一体化保护和修复，采取人工修复和自然恢复相结合的综合措施，把森林质量精准提升与松材线虫病防治、林业产业发展相结合，开展区域系统治理。

（一）优化提升对象

1. 林分优化提升。对适宜造林绿化空间进行人工造林，对低质低效及受松材线虫病危害的松树林、低质低效桉树林、其他低质低效林、自然保护地内分布不合理的林分等进行优化提升，对有培育潜力的阔叶幼林进行封山育林，优化提升林分质量。

2. 森林抚育提升。对立地条件较好，乡土阔叶树或杉木总体生长状况尚好的中幼林进行抚育，培育大径材林；对低产毛竹林和低产油茶林进行低改抚育，培育高产竹林和油茶林。

（二）建设目标类型

1. 水源涵养林。对重要水源保护地、饮用水源一级保护区、大中型水库与湖泊周围山地，主要干流和一级支流两岸山地自然地形第一层山脊以内或平地 1 km 以内的适宜造林绿化空间和低质低效林分进行连片的林分优化林相改善，增强森林植被的水源涵养能力。

2. 绿色通道林。对主要高速公路、铁路、国（省）道两侧山地的 1 km 可视范围林地内的适宜造林绿化空间和低质低效林分进行优化提升，坚持绿色为主、景观辅之，营建多树种、多效益、多层次、多功能的森林景观带，全面展示广东森林植被的区域景观特色。

3. 沿海防护林。包括沿海基干林带和纵深防护林范围内的适宜造林绿化空间和低质低效林。对因台风、风暴潮等自然灾害受损的基干林带进行修复；对老化、郁闭度低的基干林带实施更新改造；对纵深防护林范围内的低质低效林分，采取树种更替、补植套种、林分抚育等营林措施进行改造。在强化防护功能的同时，适当搭配景观树种，并与沿岸重要生态节点、生态廊道联通融合，形成功能完善、景色优美的滨海绿美景观带，畅通山海相连的林廊绿道。

4. 生态风景林。以市、县、镇（乡）中心城区外围第一重山的适宜造林绿化空间和低质低效林分为优化重点，改种具有观叶、观花、品香的乡土阔叶树种和珍贵树种，注重乔灌草相结合，培育阔叶混交林，建设环城森林生态屏障，构建稳固的大面积林相景观斑块，提升人居生态环境品质，促进城乡绿化均衡发展，满足人民对美好生态环境的需求。

5. 自然保护区林。重点对自然保护地内分布不合理的林分进行改造优化。师法自然，模仿周边地带性植被群落的树种组成进行重新构建，提升自然保护地生物多样性、景观协调性和自然生态系统的完整性。

6. 油茶林。将商品林中的低质低效桉树纯林、松树纯林改造成油茶林，重点布局在河源、梅州、韶关、肇庆、茂名、清远等地，新建高产油茶林示范基地。从现有油茶林中，筛选有培育前途的，进行低改抚育，培育高产油茶基地。

7. 特色商品林。结合大径材基地建设和国家储备林建设，在交通便利、立地条件较好的地块集中建设珍贵阔叶树种大径材林、速生乡土树种大径材林，提高林地利用效率，提高林分质量和经济价值。结合林业产业基地建设，在阳光充足、土壤肥力较好的地块培育竹林、名优特经济林等，发展竹、特色林果和林草中药材等产业。此类型整合在上述六种类型当中。

（三）主要技术措施

1. 人工造林。在适宜造林绿化空间进行人工造林。公益林地选择稳定性好、抗逆性强、生态和经济效益好的优良乡土阔叶树种，营造阔叶混交林，商品林地引导营建阔叶混交林、杉阔混交林。每亩种植 74 株以上。

2. 全面优化。对低质低效林分采取全面改造的方式进行优化。清理原有林木，尽量保留原林分中的乡土阔叶树和珍贵树种。采伐后，禁止种植桉树和松树，公益林地要求营造多树种组成的阔叶混交林，商品林地引导营建阔叶混交林或杉阔混交林，每亩种植 74 株以上。

3. 块状优化。对低质低效林分采取块状改造的方式进行优化。块状优化采伐强度每次不低于原林分面积的 1/3，每块面积不大于 100 亩。采伐后，营造多树种组成的阔叶混交林，每亩种植 74 株以上。

4. 带状优化。对低质低效林分采取带状改造的方式进行优化。带状采伐宽度控制在 30 m，保留 30~60 m 的间隔带。采伐后，营造多树种组成的阔叶混交林，每亩种植 56 株以上。

5. 林窗优化。对低质低效松树林、其他低质低效林采取林窗优化方式，保留原有阔叶树，清除生长退化林木，在林中空地补植乡土阔叶树种，每亩补植 30 株以上，补植后，阔叶树种株数达到每亩 56 株以上。

6. 森林抚育。优势树种为其他软阔、其他硬阔、针阔混、阔叶混、杉木等林分的幼龄林和中龄林，通过采取修枝、割灌除草、施肥、补植、抚育伐等措施，调整林分生长空间，促进林分生长发育。经过多次精准选培后，在目的树种中选定目标树，伐除非目标树和辅助树，目标树和上层林木最终控制在 30~50 株/亩。通过抚育、目标树选留、经营管理等技术措施，达到大径材林培育目标。

商品林的人工造林和低质低效林分优化，可因地制宜发展油茶林或竹林，造林及抚育技术措施按照相关的文件执行。

（四）树种选择配置

公益林树种配置以地带性森林植被群落为参考，选择生长健壮、抗性强、景观效果好的乡土阔叶树种，以重建地带性森林群落为导向，根据不同区域选择相应的建群树种、珍贵树种、景观树种和特色树种进行树种搭配。在树种选择方面要考虑不同植物在不同气候带的适应性，在树种配置方面要兼顾森林生态服务的主导功能。

商品林树种配置应突出培育目标和主导功能，培育优质高产林分，推行"珍贵树种+"的模式，珍贵树种每亩不少于 30 株，合理配置木本油料、木本药材和用材树种，油茶林采取国家主推主荐的品种配置方式种植。

四、工作措施

（一）分解任务落实用地

结合各地实际情况和资源调查数据，在科学评估的基础上，层层分解任务，精细管理，保证任务按年度按县（区）扎实落地。深化集体林权制度改革，推进集体林地所有权、承包权、经营权"三权分置"，完善林业规模经营机制，着力解决造林找地难、经营权分散、经营积极性不高的问题。按照国家储备林建设方式，以国有林场为主体，探索成立林权收储机构，鼓励和引导农户采取出租、转包、合作、入股等方式流转林地经营权和林木所有权，探索建立龙头企业、合作社、农户、职工的多种利益联结机制，推行"龙头企业+合作组织+基地+农户"产业化运作模式，推动林业规模化、集约化、专业化发展。

（二）建立多元投入渠道

积极争取中央资金支持，争取成为国家森林质量精准提升试点示范省，争取山水林田湖草沙一体化修复项目、国土绿化试点示范项目以及重要生态系统保护和修复重大工程总体规划项目。充分发挥省级财政资金统筹优势，在涉农整合资金中单列森林质量精准提升专项。鼓励各地在严控地方政府隐性债务的前提下，根据资源禀赋和发展实际，通过与社会资本合作、社会资本投资、林权抵押融资、土地流转、合作分成、入股经营等形式，采取市场化运作或政府特许经营的方式，促进社会多元主体参与森林质量精准提升行动。对鼓励和支持社会资本参与生态保护修复工作开展较好的地区，在申报中央及省级自然资源生态修复资金时予以重点倾斜支持。

（三）创新造林绿化机制

完善造林激励政策，鼓励社会资本参与森林质量精准提升，持续推进以奖代补、先造后补、以工代赈，完善造林项目管护机制。出台鼓励和支持社会资本参与造林的指导措施，对以林草地修复为主的项目，修复面积达到 500 亩以上，生态保护修复主体可在项目区内利用不超过修复面积 3%、不超过 30 亩的建设用地从事生态产业开发。参与生态修复的企业、个人及项目，符合相关条件的，可享受资金、税收、金融优惠政策。创新林木采伐管理机制，建立健全造抚一体、造采挂钩的森林资源培育和管理制度，充分利用采伐指标的调控作用，对按林分优化技术要求的经营者给予指标奖励，调动经营主体林分优化积极性。积极向国家申请更新伐指标，保障林分优化更新采伐需求，将松材线虫病疫木处置列为应急性采伐，优先保障采伐限额，不足部分由省统筹指标解决。对林分优化林相改善实施效果好的县（市、区），省林业局对其林地定额给予适当倾斜。

（四）订单育苗定向供苗

依托现有的良种基地和保障性苗圃，推广使用良种，实行订单育苗、定向供苗，为林分优化提供高规格的苗木。严格执行苗木生产规程，实行采种、播种、培植、分级、出圃全流程标准化管理，落实"两证一签一说明"制度，加强种苗质量监管，开展种苗质量抽检和"双随机一公开"检查工作，对苗高、地径要有明确规格，确保良种壮苗上山。

（五）发挥示范建设作用

充分发挥示范建设引领作用，积极与省内涉林高等院校、科研院所建立合作机制，开展林分优化、森林抚育经营模式示范建设。充分发挥国有林场在苗木培育、科学造林、混交化改造、资源培育及先进技术应用推广等方面的示范带动作用，打造森林质量精准提升的广东样板。省属国有林场和市属国有林场率先建立集中连片、大面积的示范基地，县属国有林场有序推进。鼓励国有林场通过开展场外租赁经营、合作经营等方式，形成股份制经营主体，拓展国有林场经营范围和规模。

五、投资估算

（一）投资模型

按不同类型和技术措施分别测算，人工造林 1700 元/亩，低质低效松树纯林优化提升（包采伐，种植 74 株）1700 元/亩，低质低效松树林优化提升（包采伐，种植 30 株）1000 元/亩，低质低效松树纯林、桉树纯林优化提升（改种成油茶林补贴）1000 元/亩，低质低效桉树纯林优化提升（含自然保护地，种植 56 株）1500 元/亩，其他低质低效林优化（种植 56 株）1500 元/亩，森林抚育（补植 8~10 株）400 元/亩，油茶林低改抚育 600 元/亩。涉及油茶的改造和抚育任务，只测算财政资金补助部分，未包括全部投资。

（二）估算结果和资金来源

总投资 317.07 亿元，其中公益林优化及抚育由财政投资，商品林地新造油茶林和低产油茶林抚育由财政资金补助，共计 166.58 亿元；其他商品林优化及抚育由社会投资，共计 150.49 亿元。分前期（2023—2027 年）和后期（2028—2035 年）两个阶段实施。前期投资 149.88 亿元，年均 29.98 亿元；后期投资 167.19 亿元，年均 12.86 亿元。前期需财政投资 109.03 亿元，占比 72.7%。前期投资按区域统计，粤北、东西两翼及惠州、江门、肇庆 15 市需财政投资 97.77 亿元，占前期财政总投资的 89.7%，年均 19.55 亿元。

六、保障措施

（一）加强组织领导

各级党委政府要将森林质量精准提升工程作为建设生态文明和美丽广东、夯实生态基础设施的重要内容，纳入当地经济和社会发展规划。建立奖惩激励机制，对超额完成任务的地方和单位，按照有关规定予以表彰奖励，对任务完成滞缓的地方和单位，及时给予约谈。突出森林质量精准提升工作在党政领导干部考核评价中的权重，将森林质量精准提升纳入林长制考核范畴，未完成任务的，林长制考核不得评为优良。组织各地领导干部在重点区位带头兴办示范点，典型带动、示范推广。

（二）强化科技支撑

加强优良乡土阔叶树种和珍贵树种良种选育、生态脆弱区稳定生物群落构建、有害生物防控等关键技术攻关，加大林分优化工程中机械化技术与装备的研发推广力度，提升科学经营水平，提高试点示范成效。通过建立科技示范基地等形式，开展新技术、新品种试验示范，加快科技成果转化。充分利用现代化技术手段，加强森林质量精准提升工程实施成效的监测和评估。

（三）加强人才培养

重视人才资源，从完善机制、优化环境方面着手加强人才队伍建设，用心用力将各方面优秀人才集聚到绿美广东事业中来。建立健全人才评价、流动、激励机制，充分调动用人单位和各类人才积极性。有针对性地搭建人才跟踪培养、成长历练的平台，有计划地安排优秀人才到基层林业一线锻炼，推动优秀人才在生产一线磨炼意志、增长才干。切实加强基层林业机构建设，广泛开展技术培训、科技下乡等科技服务活动，培养一批基层林业技术骨干。

（四）加强宣传引导

森林质量精准提升工程规模大、任务艰巨，需要调动社会各方面参与。要充分利用广播、电台、网络、报纸等一切新闻媒体提高宣传力度，把林分优化林相提升的重要性和紧迫性进行广泛深入的宣传，使"提升质量、改善生态"的观念深入民心。动员全社会力量，调动一切积极因素，推动林分优化林相改善的全面开展，确保项目的顺利实施。

附件

表1：森林质量精准提升任务表（略）

表2：森林质量精准提升任务明细表（前期）（略）

表3：森林质量精准提升任务明细表（2013年）（略）

表4：森林质量精准提升投资概算表（略）

附录 II

广东省森林质量精准提升行动
技术指南

广东省林业局

2023 年 1 月

前　言

为贯彻习近平生态文明思想，落实广东省委十三届二次全会通过的《中共广东省委关于深入推进绿美广东生态建设的决定》，指导和规范森林质量精准提升行动实施，提高林分优化林相提升的整体性、系统性、科学性和可操作性，在吸收借鉴国内外生态保护修复先进理念与相关标准，总结广东重点生态工程建设的经验教训，研究制定了《广东省森林质量精准提升行动技术指南》。

本文件提出了广东省森林质量精准提升行动林分优化提升、森林抚育提升的技术内容和要求，是《广东省森林质量精准提升行动方案（2023—2035年）》的配套技术文件。

本文件内容包括正文和附录两部分，正文包括：适用范围、规范性引用文件、术语与定义、总则、技术措施、空间布局、落地上图、市级实施方案编制、作业设计编制、施工准备、工程施工、竣工验收、技术支撑、监测评估等，附录包括：广东省森林质量精准提升树种选择配置推荐表，广东省主要高速公路（铁路）线路及里程表、××县××年森林质量精准提升工程作业设计编制提纲。

本文件主要起草单位：广东省林业调查规划院、广东省岭南院勘察设计有限公司。本文件主要起草人：薛春泉、杨沅志、简阳、张亮、姜杰、杨超裕、陈传国、刘凯昌、杨佐兵、李伟、丁胜、辛成锋、杨舒。

目 录

1 适用范围 ··· 118
2 规范性引用文件 ··· 118
3 术语与定义 ·· 118
   3.1 林分 ··· 118
   3.2 林相 ··· 118
   3.3 大面积森林景观斑块 ·· 118
   3.4 森林质量 ··· 119
   3.5 森林质量精准提升 ·· 119
   3.6 混交林比例 ·· 119
   3.7 低质低效林 ·· 119
   3.8 地带性森林植被 ··· 119
   3.9 单位面积森林生物量增量及碳汇能力 ···························· 119
   3.10 乡土树种 ·· 119
   3.11 建群树种 ·· 119
4 总则 ··· 120
   4.1 建设原则 ··· 120
   4.2 工作流程 ··· 120
   4.3 作业设计审批 ·· 120
   4.4 技术指导 ··· 120
   4.5 检查验收 ··· 121
5 技术措施 ··· 122
   5.1 精准提升方式 ·· 122
   5.2 林分优化对象措施 ·· 122
   5.3 森林抚育对象措施 ·· 124
   5.4 提升技术 ··· 125
6 空间布局 ··· 127
   6.1 重要水源地周边 ··· 127
   6.2 重要交通干线沿线 ·· 128
   6.3 沿海地带 ··· 128

	6.4 城镇周边	128
	6.5 自然保护地	128
7	落地上图	128
	7.1 图斑区划	128
	7.2 计划任务上图	128
	7.3 完成任务上图	129
	7.4 图斑审核	129
8	市级实施方案编制	129
9	作业设计编制	129
10	施工准备	129
11	工程施工	129
12	竣工验收	129
13	技术支撑	130
14	监测评估	130
	14.1 建设任务完成情况	130
	14.2 建设成效	130
	14.3 档案建立	130

附件 1　广东省森林质量精准提升树种选择配置推荐表
附件 2　广东省主要高速公路（铁路）线路及里程表（略）
附件 3　××县××年森林质量精准提升工程作业设计编制提纲

1 适用范围

本文件适用于广东省内实施的森林质量精准提升行动工程项目。

2 规范性引用文件

下列文件的内容通过文中的规范性引用而构成本文件必不可少的条款。其中，注日期的引用文件，仅该日期对应的版本适用于本文件；不注日期的引用文件，其最新版本（包括所有的修改单）适用于本文件。

GB/T 15163 封山（沙）育林技术规程

GB/T 15776 造林技术规程

GB/T 15781 森林抚育规程

GB/T 26424 森林资源规划设计调查技术规程

LY/T 1607 造林作业设计规程

LY/T 1646 森林采伐作业规程

LY/T 1690 低效林改造技术规程

山水林田湖草生态保护修复工程指南（试行），自然资源部 财政部 生态环境部，2020 年 8 月

造林绿化落地上图技术规范（试行），国家林业和草原局办公室 自然资源部办公厅，2021 年 10 月 25 日

广东省森林质量精准提升行动方案（2023—2035 年），广东省林业局，2023 年 1 月

3 术语与定义

3.1 林分

指郁闭度 0.2 以上，具有一定结构层次（树种组成、林层或林相、疏密度、年龄、起源、地位级等）的有林地。

3.2 林相

指林分的结构特征，主要包括森林的外貌特征、树种组成、树木高度、林冠层次、径阶分化和健康状况等。

3.3 大面积森林景观斑块

在同一自然地理单元，因地制宜、分类施策、系统治理，对林地、林分宜造则造、宜改则改、宜抚则抚、宜封则封、宜留则留，营建目标功能强的森林群落斑块，斑块面积要求 5000 亩以上。

3.4 森林质量

森林的结构和功能与主要目标的吻合度。

3.5 森林质量精准提升

在大面积森林景观斑块内，基于具体林分特点、预期实现的功能和目标，科学实施人工造林、低质低效林优化、封山育林、森林抚育等森林培育和质量提升措施，提升森林功能质量的过程。

3.6 混交林比例

混交林是指由两种或两种以上树种组成的森林，其中主要树种的株数或断面积或蓄积量占总株数或总断面积或总蓄积量的65%（含）以下。混交林比例是指乔木林（不含竹林、国家灌木林）中混交林的面积占比。已按要求实施过林分优化林相提升的乔木林纯林（含桉树林），可列入混交林计算。

3.7 低质低效林

指受人为或自然因素影响，林分结构和稳定性失调，林木生长发育迟滞，系统功能退化，导致森林生态功能、林产品产量或生物量显著低于预期目标功能，不符合培育目标的林分总称，如"小老头林"。石漠化地区、沿海第一重山等困难立地条件的林分除外。

3.8 地带性森林植被

与当地水热条件相适应，结构和功能相对稳定，与相邻地段历史上曾经出现的自然植被相类似的植被类型。我省按照纬度分布，包括中亚热带常绿阔叶林、南亚热带常绿阔叶林、热带季雨林等地带性植被类型。

3.9 单位面积森林生物量增量及碳汇能力

指某个间隔期内单位面积森林植被干物质总量增量或碳汇量。考虑到工作实际，森林生物量一般测算地上部分。

3.10 乡土树种

在本气候带天然分布的树种或者已经引种百年以上且能够在当地表现出良好生态效益的外来树种。

3.11 建群树种

指对群落结构和群落环境的形成有明显控制作用的树种，一般指主林层的优势种。

4 总则

4.1 建设原则

（1）坚持科学谋划、久久为功

尊重自然、顺应自然、保护自然，科学分析广东森林现状基底，统筹考虑生态合理性和经济可行性，遵循森林群落自然演替规律，从实际出发，谋划布局，一片一片，稳妥推进，持之以恒，久久为功。

（2）坚持系统治理、分类施策

因地制宜，结合区域生态区位、主导功能及林分林地现状，以问题为导向，在同一自然地理单元，采取人为适度干预和自然恢复相结合的综合技术措施，宜造则造、宜改则改、宜封则封、宜抚则抚，分类精准施策，不搞"一刀切"。

（3）坚持质量优先、务求实效

坚持质量优先，在现有绿化成果基础上进行林分优化林相提升，多做"加法"少做"减法"，防止乱砍滥伐，建设性破坏，着力提高森林质量，培育稳定健康高效的森林生态系统；逐步提高工程建设投资标准，高标准、高投入，真抓实干，加强监管，干一片成一片，务求实效。

（4）坚持政府主导、群策群力

充分发挥政府主导作用和市场资源配置作用，深化集体林权制度改革，创新产权、投融资、生态经营、采伐限额管理等体制机制，完善造林激励政策，广泛调动社会力量参与森林质量精准提升建设，形成合力。

4.2 工作流程

森林质量精准提升流程包括：任务确定与下达、市级实施方案编制、现场调查与资料收集、县级作业设计编制、作业设计审批、招投标、施工准备、工程施工、竣工验收、市级抽查、省级核验、成效监测。

工作流程详见图1。

4.3 作业设计审批

各县（市、区）根据下达任务，确定年度任务，编制森林质量精准提升工程作业设计，报地级以上市林业主管部门审批。地级以上市林业行政主管部门组织相关专家进行审查，审查合格的予以通过。不合格的要求重新编制作业设计再进行审查，直至合格。省属林场任务由省林业局下达，作业设计报省林业局审批。

4.4 技术指导

为发挥专业技术力量在森林质量精准提升工作的重要支撑作用，省林业局组织中国科学院华南植物园、中国林业科学研究院热带林业研究所、华南农业大学、省林业科学研究院、省林业调查规划院等科研院所（校）共同参与的技术支撑团队，实行区域技术包干负责制，省林业调查规划院统筹协调全省技术包干指导。

4.5 检查验收

建设单位负责组织质量检查、开展竣工验收，地级以上市林业行政主管部门对辖区内各县（区、市、场）开展抽查复核，省林业局组织成效核验。

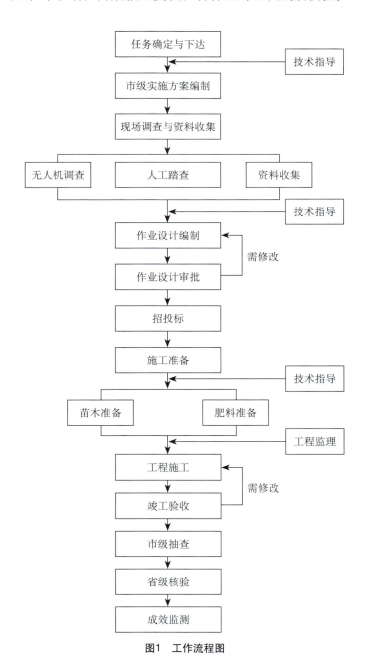

图1 工作流程图

5 技术措施

5.1 精准提升方式

森林质量精准提升方式包括林分优化提升和森林抚育提升两种方式。

5.1.1 林分优化提升

对适宜造林绿化空间进行人工造林；对低质低效及受松材线虫危害的松林、低质低效及分布不合理桉树林、其他低质低效林等进行林分优化；对郁闭度0.4以下的人工阔叶混交林和针阔混交幼林，或有希望自然成林的阔叶混交林和针阔混交林进行封山育林，提高林分质量提升林相景观。

5.1.2 森林抚育提升

对立地条件较好、乡土阔叶树或杉木总体生长状况尚好的中幼林，采取修枝、割灌除草、抚育伐、施肥、补植等措施，促进林分生长，培育大径材林。对低产油茶林和低产毛竹林进行抚育，培育高产油茶林和竹林。

5.2 林分优化对象措施

5.2.1 人工造林

（1）实施对象

以2022年广东省造林绿化空间适宜性评估成果为基础，充分结合最新年度国土变更调查成果、最新森林资源管理一张图年度变更调查成果，选择适宜造林的宜林荒地、采伐迹地和火烧迹地等开展人工造林。

（2）实施措施

根据同一自然地理单元地块确定的优化目标，种植74株/亩以上。公益林地选择稳定性好、抗逆性强、生态和经济效益好的优良乡土阔叶树种，采用混交方式，营造阔叶混交林。商品林地引导营建阔叶混交林，亦可采用"珍贵树种+"模式，种植珍贵树种不少于30株/亩，合理配置用材树种、木本油料或木本药材树种。

5.2.2 低质低效及松材线虫危害松林优化

5.2.2.1 松材线虫危害松林优化

（1）实施对象

已发生松材线虫病的松林，包括纳入国家松材线虫病疫情防控监管平台防控范围及其周边的马尾松纯林、马尾松和其他树种的混交林。

（2）实施措施

——纳入国家松材线虫病疫情防控监管平台防控范围的马尾松纯林：采用全面优化方式，对松材线虫病疫情小班及其周边松林中的死亡松树小班内所有松树一次全部采伐，尽量保留原林分中的乡土阔叶树和珍贵树种，人工更新其他树种进行优化，种植74株/亩以上。公益林地要求营造多树种组成的阔叶混交林，促进形成地带性森林群落。商品林地引导营建阔叶混交林，亦可采取"珍贵树种+"模式进行优化，种植珍贵树种不少于 30 株/亩。自然条件恶劣地区及重要生态区域的受松材线虫病危害的松林，应采用带状或块状方式逐步采伐完并及时更新。

——纳入国家松材线虫病防控范围的马尾松与其他树种的混交林：采取伐松补阔的方式进行优化提升，即对松材线虫病疫情小班及其周边松林中的死亡松树进行采伐，伐除病疫木后，根据同一自然地理单元地块确定的优化目标，在林中空地补植乡土阔叶树种，营建乡土阔叶树混交林，种植珍贵树种不少于 30 株/亩。

5.2.2.2　低质低效松林优化

（1）实施对象

林分生长发生衰退，功能与生态效益低下，无培育前途的"小老头林"或森林蓄积量显著低于同类立地条件经营水平，且龄组为近熟林及以上的马尾松林。国外松暂不纳入林分优化对象。

（2）实施措施

——马尾松纯林：采取块状优化或带状优化，即块状、带状伐除一定面积的松树纯林后，根据同一自然地理单元地块确定的优化目标，人工更新其他树种进行优化。块状优化采伐强度每次不低于低效松树纯林面积的 1/3，每块面积不大于 100 亩；带状优化采伐宽度控制在 30 m，带间保留 30~60 m 的间隔带。块状优化种植不少于 74 株/亩，带状优化种植不少于 56 株/亩。公益林地要求营造多树种组成的阔叶混交林，促进形成地带性森林群落。商品林地引导营建阔叶混交林，推行"珍贵树种+"的模式，种植珍贵树种不少于 30 株/亩。

——马尾松与其他树种的混交林：采取抽针补阔的方式优化，即通过抚育间伐、间松留阔、间密留稀、去劣留优，采伐后在林中随机均匀补植乡土阔叶树种，调整林分树种组成、密度或结构，提高阔叶树种比例；根据目的树种林木分布现状，补植后阔叶树种应达到 56 株/亩以上。

5.2.3　低质低效及分布不合理桉树林优化

5.2.3.1　低质低效桉树纯林优化

（1）实施对象

经过多轮采伐导致生长发生衰退、地力退化，且龄组为近熟林及以上的桉树林；或已放弃经营的桉树林；或到采伐期的商品林桉树林。

（2）实施措施

——公益林范围内的低质低效桉树纯林：采取块状优化或带状优化，即块状、带状伐除一定面积的桉树，根据同一自然地理单元地块确定的优化目标，人工更换乡土阔叶树种进行优化。块状优化采伐强度每次不低于低效桉树纯林面积的 1/3，每块面积不大于 100 亩；带状优化采伐宽度控制在 30 m，带间保留 30~60 m 的间隔带。块状优化种植乡土阔叶树种不少于 74 株/亩，带状优化种植乡土阔叶树种不少于 56 株/亩，营造多树种组成的阔叶混交林。

——商品林范围内的低质低效桉树纯林：采取全面优化方式改造提升，即到轮伐期后将小班内所有桉树一次全部伐完后，尽量保留原林分中的乡土阔叶树和珍贵树种，人工更新其他树种，种植密度不少于 74 株/亩，引导营造多树种组成的阔叶混交林，推行"珍贵树种+"模式，种植珍贵树种不少于 30 株/亩。

5.2.3.2 分布不合理的桉树纯林优化

（1）实施对象

位于自然保护区或重要水源保护地、饮用水源保护区范围内的桉树纯林。

（2）实施措施

采取块状优化或带状优化，即块状、带状伐除一定面积的桉树后，人工更换乡土阔叶树种进行优化。块状优化采伐强度每次不低于桉树纯林面积的 1/3，每块面积不大于 100 亩。带状优化采伐宽度控制在 30 m，带间保留 30~60 m 的间隔带。根据同一自然地理单元地块确定的优化目标，块状优化种植乡土阔叶树种不少于 74 株/亩，带状优化种植乡土阔叶树种不少于 56 株/亩，营造多树种组成的阔叶混交林，促进形成地带性森林群落。

5.2.4 其他低质低效林优化

（1）实施对象

树种单一且处于退化阶段，有空腐现象，无培育前途；或林地生产力低下，龄组为近熟林及以上的速生相思纯林。

（2）实施措施

参照低质低效桉树纯林优化的实施措施。

5.2.5 封山育林优化

（1）实施对象

郁闭度 0.4 以下、人工种植的阔叶混交林和针阔混交幼林，或天然阔叶幼树较多，具有天然下种能力或者萌蘖能力、有希望自然成林的阔叶混交林和针阔混交林。

（2）实施措施

采取封山育林，通过封禁或辅助一定的人工育林措施，增强其具有天然下种或萌蘖能力，保护并促进幼苗幼树、林木的自然生长发育。

商品林的人工造林和低质低效林分优化，可因地制宜发展油茶林或毛竹林，造林技术措施按照相关的技术文件执行。

5.3 森林抚育对象措施

5.3.1 中幼林抚育

（1）实施对象

优势树种为其他软阔、其他硬阔、针阔混、阔叶混、杉木等林分的幼龄林和中龄林。

（2）实施措施

通过采取修枝、割灌除草、施肥、补植、抚育伐等措施，调整林分生长空间，促进林分生长发育。对立地条件较好，林木总体生长状况尚好，但目的树种密度不够的林分，清除枯死木和妨碍林木正常生长的灌草、藤蔓、部分非目的树种，开林窗清理出林分生长空间或林中空地，根据立地条件和经营目的补植目的树种。对目的树种明确或目的树种株数较多的现有林分，采用近自然经营模式，按照一定间隔期，对非目的树种和辅助树种，采取抚育间伐措施，合理选培目标树，分次伐除非目标树，逐步调整林分结构和林分密度。根据经营目标、不同树种和林木生长情况，全周期精准选培2~4次。经过多次精准选培后，在目的树种中选定目标树，伐除非目标树和辅助树，目标树和上层林木最终控制在30~50株/亩。通过抚育、目标树选留、经营管理等技术措施，达到培育大径材林培育目标。

5.3.2 低产油茶林抚育

（1）实施对象

油茶林分发生衰退，生理机能逐渐减弱，或密度不均、结构不合理，或受病虫害危害严重，或单位面积产量明显低于同类立地条件经营水平的油茶林。

（2）实施措施

按照相关油茶林培育的技术文件执行。

5.3.3 低产毛竹林抚育

（1）实施对象

老竹多、新竹少，幼龄竹多、壮龄中龄竹少，密度较大，或受病虫害威胁严重的毛竹林。

（2）实施措施

按照相关毛竹林培育的技术文件执行。

5.4 提升技术

5.4.1 林分优化技术

5.4.1.1 树种选择与配置

公益林树种选择以地带性森林植被群落为参考，以重建地带性森林群落为导向，选择相应的目的树种、景观树种和特色树种进行树种搭配。根据同一自然地理单元地块确定的优化目标，公益林目的树种2种或以上、配置树种1~2种，树种总数3种或以上。商品林树种选择应突出培育目标和主导功能，目的树种1种或以上、配置树种1~2种，树种总数2种或以上。

树种选择配置推荐表见附录1。

5.4.1.2 整地

包括林地清理和挖穴整地。按照优化的方式，林地清理采用带状或块状清理的方式进行，清理有碍于苗木正常生长的地被物、采伐剩余物、火烧剩余物。开挖植穴尽量防止水土流失,植穴规格 50 cm×50 cm×40 cm 以上。禁止炼山和全垦整地。

5.4.1.3 造林密度

人工造林、全面优化、块状优化密度要求 74 株/亩以上;带状优化密度要求 56 株/亩以上;套种补植密度要求 30 株/亩以上,补植后目的树种密度不低于 56 株/亩。

5.4.1.4 苗木

应选用 1.5 年生以上、苗高 80 cm 以上、地径 0.8 cm 以上的良种容器壮苗,应有"两证一签"。采用保障性苗圃定单育苗、定向供苗。

5.4.1.5 基肥

每穴基肥施放不少于 0.5 kg 复合肥（NPK 含量≥30%）。

5.4.1.6 栽植及混交方式

应在春季雨期造林。栽植时苗要扶正,并适当深栽,回土要细,回土后轻提幼苗,然后适当压实,最后松土回成"馒头状"。混交林采用行间或株间混交方式进行栽植。

5.4.1.7 抚育及追肥

不少于 3 年 3 次,种植后当年 3 个月后进行第一次抚育,第二年、第三年 5~6 月进行第二、第三次抚育。主要措施包括割灌除草、松土扩穴、追肥、培土、补苗。

追肥每穴施放不少于 0.25 kg 复合肥（NPK 含量≥30%）。鼓励有条件的地方实行 3 年 5~6 次抚育。

5.4.2 森林抚育技术

5.4.2.1 抚育频次

抚育一次,项目实施当年完成。

5.4.2.2 抚育伐

根据林分发育、林木竞争、自然稀疏规律及森林培育目标,适时适量伐除部分林木,调整树种组成和林分密度,优化林分结构,改善林木生长环境条件,促进保留木生长,缩短培育周期的营林措施。抚育伐包括透光伐、疏伐、生长伐、卫生伐。

幼龄林阶段的天然林或混交林由于成分和结构复杂而适用于进行透光伐;幼龄林阶段的人工同龄纯林（特别是针叶纯林）由于基本没有种间关系而适用于疏伐,必要时进行补植;中龄林阶段由于个体的优劣关系已经明确而适用于进行基于林木分类（或分级）的生长伐;对遭受自然灾害显著影响的森林进行卫生伐。

透光伐、疏伐、生长伐后林分郁闭度降低不超过 0.2,林分目的树种和辅助树种的林木株数所占林分总株数的比例不减少,目的树种平均胸径不低于采伐前平均胸径,且林木分布均匀,无病腐木,不造成林窗及林中空地。卫生伐后林分中应没有受林业检疫性有害生物及林业补充检疫性有害生物危害的林木和受台风、火灾等危害明显的林木。

5.4.2.3 修枝

人为地除掉枯死枝和树冠下部 1~2 轮活枝。中幼龄林阶段修枝后保留冠长的 2/3、枝桩尽量修平，剪口不能伤害树干的韧皮部和木质部。

5.4.2.4 割灌除草

割除影响目的树种幼苗幼树生长的全部杂灌杂草和藤本植物。割灌除草时应注重保护珍稀濒危植物、国家重点保护野生植物、林窗处的幼树幼苗以及林下有生长潜力的幼树幼苗。

割灌除草可采用带状或小块状方式。带状割灌除草以种植行为中心，割灌除草的带宽不小于 1 m；小块状以植株为中心，割灌除草的半径不小于 0.6 m。

5.4.2.5 补植

郁闭成林后目的树种、辅助树种的幼苗幼树保存率小于 80% 的林地；或郁闭成林后或卫生伐后郁闭度小于 0.5 的林地；或含有大于 25 m^2 林中空地；或立地条件良好、符合抚育经营目标的目的树种株数少的有林地。在林冠下或林窗等处补植目的树种，调整树种结构和林分密度。

补植树种应选择能与现有树种互利生长或相容生长，并且其幼树具备从林下生长到主林层的基本耐阴能力的目的树种，尽量不破坏原有的林下植被，尽可能减少对土壤的扰动，公益林经过补植后，林分内的目的树种或目标树株数不低于 30 株/亩，分布均匀，并且整个林分中没有半径大于主林层平均高 1/2 的林窗。

5.4.2.6 施肥

对目的树种、目标树，将肥料施于林木根系集中分布区，不超出树冠覆盖范围，并用土盖实，避免流失。施肥采用沟状埋施，施肥沟位于幼树树冠投影外沿的上坡处，沟深不小于 0.2 m、宽 0.20~0.25 m，将肥料撒入后覆土。要求施放复合肥，每株施不少于 0.15 kg 复合肥（NPK 含量≥30%）。

6 空间布局

森林质量精准提升应以自然地理单元开展区域系统治理，在生态区位重要、交通便利、土壤水肥力较好的地块，营造较大面积的森林景观斑块，面积一般要求 5000 亩以上。

6.1 重要水源地周边

营建水源涵养林。包括重要水源保护地、饮用水源一级保护区、大中型水库与湖泊周围山地，主要干流和一级支流两岸山地自然地形第一层山脊以内或平地 1 km 以内的适宜造林绿化空间和低质低效林。通过林分优化林相提升，营建高质量水源林，增强森林植被的水源涵养能力。

6.2 重要交通干线沿线

营建绿色通道林。包括主要高速公路、铁路、国省道两侧 1 km 可视范围林地内的适宜造林绿化空间和低质低效林。坚持绿色为主、景观辅之，通过林分优化林相提升，营建多树种、多效益、多层次、多功能的森林景观绿化带，展示广东森林植被的区域景观特色。

主要高速公路（铁路）线路及里程表见附录2。

6.3 沿海地带

营建沿海防护林。包括沿海基干林带和纵深防护林范围内的适宜造林绿化空间和低质低效林。对因台风、风暴潮等自然灾害受损的基干林带进行补植；对郁闭度低的老化基干林带实施更新改造；对纵深防护林范围内的低质低效林分采取树种更替、补植造林、林分抚育等营林措施进行优化。通过林分优化、林相提升，增强沿海防护林防护功能同时，适当搭配景观树种，并与沿岸重要生态节点、生态廊道联通融合，形成功能完善、景色优美的滨海绿美景观带。

6.4 城镇周边

营建生态风景林。包括市、县、镇（乡）中心城区外围第一重山范围内的适宜造林绿化空间和低质低效林。通过林分优化，改种具有观形、观叶、观花、品香的乡土阔叶树种和珍贵树种，培育阔叶混交林、大径级用材林，建设环城森林生态屏障，提升人居生态环境品质，满足人民日益增长的美好生态环境需求。

6.5 自然保护地

营建自然保护区林。包括对自然保护地分布不合理的林分进行改造优化。通过林分改造优化，模仿周边地带性植被群落的树种组成进行重新构建，提升自然保护地生物多样性、景观协调性和自然生态系统的完整性。

7 落地上图

7.1 图斑区划

利用无人机对拟开展的森林质量精准提升区域进行现场调查，获取最新影像图作为工作底图，以最新的高分辨遥感影像、地形图作为辅助，在地理信息系统上准确区划出拟改造的图斑边界，完成相关因子调查，确定林分优化对象范围、森林抚育对象范围。

7.2 计划任务上图

将区划后的计划作为森林质量精准提升作业图斑转绘到造林计划数据图层中，并填报计划图斑相关因子。

7.3 完成任务上图

县级林业主管部门组织核实当年完成的森林质量精准提升工程任务，根据森林质量精准提升计划图斑转换森林质量精准提升任务图斑，并完善调查相关因子，将图斑转换到造林任务数据图层中。

7.4 图斑审核

县级林业主管部门应分别对上报计划图斑和任务图斑进行合规性、合理性、完整性审查，经审核无误后，上报省级林业主管部门。

8 市级实施方案编制

地级以上市林业主管部门根据省下达的任务，编制全市实施方案（2023—2027年），经专家论证后，下达给各县（市、区、场）年度任务，明确空间布局。

9 作业设计编制

根据市级实施方案和省下达省属林场任务，以县（省属场）为单位编制××县（市、区、场）××年森林质量精准提升作业设计。作业设计以自然地理单元开展区域系统治理，应充分开展现地调查、资料收集和问题诊断，以林分优化、林相提升为出发点，多做加法，少做减法，营造大面积森林景观斑块，提升阔叶混交林比例。

作业设计应包括作业设计书（含图表）及图斑矢量数据。

作业设计编制提纲见附录3。

10 施工准备

作业设计审批完成后，组织工程招投标，要衔接好各个环节，缩短准备时间，在春季完成造林，提高造林成活率。

提前准备好种苗计划，采用保障性苗圃定单育苗、定向供苗，培育良种壮苗，用1.5年生或以上营养袋苗。

11 工程施工

县级林业主管部门应依据经批复的作业设计，组织符合条件的施工单位进行工程建设，切实加强工程全过程管理，切实做到责任明确、监督到位；聘用监理单位，强化质量控制，确保成效。

12 竣工验收

按照谁立项谁验收的原则，及时组织项目竣工验收。要严格按照作业设计及施工合同的文件确定的指标及工程建设内容，对工程建设任务完成情况、资金筹措与拨付情况、工程建设质量等内容开展竣工验收。

13 技术支撑

实行技术包干负责制，每一个科研技术单位包若干个地级以上市，指定一个行政负责人、技术负责人，每一个地级以上市组织3~4人或以上的技术团队技术包干。技术支撑单位包干区域见表1。

表1 森林质量精准提升技术支撑区域包干表

序号	技术支撑单位	包干区域	行政负责人	技术负责人
1	广东省林业调查规划院	汕头、潮州、揭阳、汕尾、河源、梅州	薛春泉	杨沅志
2	广东省林业科学研究院	湛江、茂名、阳江、江门、清远、云浮	龙永彬	何波祥
3	中国科学院华南植物园	韶关、肇庆	闫俊华	刘菊秀
4	中国林业科学研究院热带林业研究所	深圳、东莞、惠州	马海宾	马海宾
5	华南农业大学林学与风景园林学院	广州、佛山、珠海、中山	何 茜	陈红跃

14 监测评估

对建设任务完成情况、建设成效等进行监测和评估，对工程建设资料进行建档保存。

14.1 建设任务完成情况

上报面积、核实（完成）面积、造林成活率、保存率等。

14.2 建设成效

合格面积、大面积森林景观斑块面积、混交林比例、优化提升植物种类、森林生物量增量等。

14.3 档案建立

对森林质量精准提升工程全过程档案，包括任务下达、实施方案、作业设计、招投标、施工合同、监理、验收、会议纪要、领导巡林等资料和过程音像、图像进行收集，并做好整理归档。

附件1

广东省森林质量精准提升树种选择配置推荐表

区域	目的树种	配置树种	
		景观树种	特色树种
一般山地	红锥、米锥、吊皮锥、青冈、华润楠、闽楠、桢楠、短序润楠、火力楠、观光木、灰木莲、乳源木莲、乐昌含笑、乐东拟单性木兰、木荷、花桐木、格木、仪花、任豆、米老排、红花天料木、黄桐、银杏、南方红豆杉、青皮、坡垒、降香黄檀、柚木、土沉香	枫香、红花油茶、千年桐、岭南槭、铁冬青、拟赤杨、仪花、木油桐、中华杜英、无忧树、大花第伦桃、红荷、山杜英、密花树、海南红豆、黄梁木	南酸枣、猴耳环、橄榄、乌榄、八角、油茶、红花油茶、余甘子、大叶冬青、阴香、黑木相思
沿海防护林	木麻黄、台湾相思、银叶树、黄槿、血桐、红厚壳		

附件 3

××县××年森林质量精准提升工程
作业设计编制提纲

建设单位：
编制单位：
编制时间：××年××月

项目名称：×× 县 ×× 年森林质量精准提升工程作业设计

建设单位：

编制单位：

编制单位资格证书：

证书编号：

发证机关：

编制单位法人：

编制单位技术负责人：　　　　　　（职称）

项目负责人：　　　　　　（职称）

参加人员：

前 言

工程建设意义与重要性

工程建设规模、主要建设内容和投资概算

作业设计编制概况

作业设计成果包括：

1．作业设计说明书；

2．作业设计统计表；

3．作业设计图；

4．作业设计卡片等附件。

目 录

第一章 基本情况
　　一、建设单位基本情况
　　二、森林资源状况

第二章 作业设计原则及依据
　　一、设计原则
　　二、设计依据
　　三、设计思路

第三章 实施规模
　　一、林分优化提升规模
　　二、森林抚育提升规模
　　三、林分保留规模

第四章 作业地分布与现状
　　一、作业地分布（附小班明细表）
　　二、作业地现状（包括林种）

第五章 作业设计类型
　　一、人工造林
　　二、低质低效林分优化
　　　　1．低质低效及受松材线虫危害的松林
　　　　2．低质低效及分布不合理的桉树林
　　　　3．其他低质低效林
　　三、封山育林
　　四、森林抚育

第六章 主要技术措施
　　一、人工造林及林分优化技术措施
　　　　1．林地清理
　　　　2．整地与基肥

3．造林密度
4．苗木要求
5．树种选择与配置
6．栽植与混交方式
7．抚育与追肥
8．管护

二、封山育林技术措施

三、森林抚育技术措施

第五章　工程量和物资需要量

一、工程量

二、物资需要量

第六章　投资概算与资金来源

一、投资概算依据

二、主要技术经济指标

三、投资概算模型

四、投资概算结果

五、资金来源

第七章　施工管理与保障措施

一、施工管理

二、保障措施

附表：

1．××县××年××工程作业设计类型面积统计表
2．××县××年××工程苗木需要量统计表
3．××县××年××工程肥料需要量统计表
4．××县××年××工程投资概算统计表

附图：

××县××年××工程作业设计图

附件：

1．××县××年××工程作业设计卡片
2．任务书及资金下达文件等

附录Ⅲ

林木良种壮苗培育和轻基质育苗技术

一、良种壮苗培育技术

（一）良种选育

林木良种指通过审定（认定）的主要林木品种，在一定的区域内，其产量、适应性、抗性等方面明显优于当前主栽材料的繁殖材料和种植材料，具有省级以上林木品种审定委员会颁发的审定或者认定证书。主要林木良种包括品种、家系、无性系以及种子园、母树林、采种基地和种源区种子等。

2000 年前，广东省林木良种选育主要集中在马尾松、杉木、国外松、桉树等一些速生用材树种上。2003 年由广东省林业科技推广总站牵头，广东省林业科学研究院、中国林业科学研究院热带林业研究所及全省部分市、县林业科学研究所等有关单位参加的"广东重要乡土阔叶树种遗传改良研究"全面启动，主要开展木荷、樟、枫香、火力楠、鳖藅、红锥、乐昌含笑等广东重要乡土阔叶树种的遗传改良研究。2003 年 10~12 月，全省共 200 多位林业科技人员参与了广东重要乡土阔叶树种优良基因资源的收集工作。

经过 20 多年的遗传改良和子代测定，广东省林业科学研究院、中国林业科学研究院热带林业研究所选育出一批包括樟、木荷、火力楠、枫香、乐昌含笑、红锥、鳖藅、米老排、楠木等遗传增益高、生长快、适应性强的优良种源、家系及无性系。通过突破优良材料种苗无性繁殖的技术瓶颈，建立种子园生产良种，把优良材料向生产上推广应用，为绿美广东生态建设提供优质种苗保障。

（二）种苗繁育

林木良种是培育高质量森林的基础，目前广东省良种使用率远远达不到国家平均水准，特别是阔叶树良种基地建设跟不上林业发展的需要，良种壮苗缺乏成为制约高质量森林培育的瓶颈。如何利用选育出来的优良材料通过有性繁殖（建设阔叶树种子园生产良种）和无性繁殖（扦插、组培产业化），培育优质种苗，是目前绿美广东生态建设最迫切的任务。

1. 种子园建设

种子园是用优树无性系或家系，按设计要求营建、实行集约经营、以专门生产优良种子的特种林分。

种子园生产体系创建于20世纪30年代，到50年代瑞典、美国已在生产中应用，60年代种子园在世界范围内得到了迅速发展，到80年代美国、瑞典、芬兰、日本、新西兰等国种子园生产的种子已在育苗造林用种中占有一定比重。我国自20世纪60年代中期开始建设种子园，70年代全面铺开，到80年代已初具规模，建立种子园的树种约有40多种。广东省针叶树种子园建设起步较早的有乐昌市龙山林场杉木种子园、台山市红岭种子园、信宜市高脂速生马尾松种子园、英德市火炬松种子

园，阔叶树种子园建设起步较早的有广东省龙眼洞林场红锥种子园、云浮市国有水台林场火力楠与红锥种子园、信宜市林业科学研究所樟与火力楠种子园、英德市林业科学研究所木荷种子园等。

2. 无性繁育

阔叶树优良基因材料（家系或优良单株）一旦选育出来进行无性繁育，包括扦插与组织培养，是实现林木良种产业化最高效的途径之一。无性繁育能保持母本的优良性状，在较短时间内得到大量的优良基因型，经过繁育马上可以投入生产中。目前广东省林业科学研究院乡土阔叶树研究团队已建立了樟、木荷、枫香等阔叶树种的组培生产体系，达到产业化水平。

二、林木育苗技术发展概况

(一) 传统育苗技术存在的问题

目前,生产上普遍认同容器育苗造林,因为容器可以完整地保护根系,获得较好的造林效果。但容器和基质等选用不当,容器苗在培育过程中可能出现劣质根系,这一问题长期未引起重视。在广东省林业生产单位,多数采用以塑料袋、硬塑管等不易穿透材料为容器、以黄心土为基质的传统容器育苗方式,这种传统方式培育出的苗木出现窝根、偏根、稀根、弱根等根系发育不正常的情况,会导致树木锚地不牢,吸收水分和营养的空间小,进而导致生长缓慢、各种抗性变差等问题。

(二) 传统育苗技术的革新

目前南方乡土阔叶树种容器育苗技术落后、生产成本较高等问题,依然制约着种苗行业的发展。使用无纺布袋进行轻基质育苗的方法,同样存在着造林后无纺布短时间内不易降解,根系突破不了束缚向下生长,只能从根茎重新长出侧根,影响林木生长,降低了抗风能力。针对上述问题,广东省林业科学研究院依据南方树种的生长特点,从容器材料、尺寸大小、基质类型与配比、育苗时间、苗期管理等方面研究轻基质容器育苗新技术,运用平衡根系育苗理论、空气修根技术和现代试验方法,通过苗期性状的多因子分析,对容器苗的质量评价方法进行探讨,并从育苗、造林以及运输成本等方面进行综合评价，结合当前社会经济和林业生产水平，提出一套高效的南方乡土阔叶树种轻基质容器育苗新技术。

（三）育苗新技术的应用，满足林业可持续发展对优质种苗的需求

随着全省绿美广东生态建设工程的实施，优良乡土阔叶树种种苗短缺的矛盾非常突出。根据《广东省林木种苗发展"十四五"规划》，广东省"十四五"期间将实施森林质量精准提升工程，预计全省每年需要各类苗木1.5亿株。以水土保持林、水源涵养林、沿海防护林、农田防护林、自然保护区、森林公园、城市森林为主体的生态公益林建设，对林业种苗的需求呈现多样性特点。而特殊、困难林地上造林，在适地适树的基础上，要求苗木具有质量轻，根系发达，抗风、抗旱能力强的特点。林业发展的新形势对种苗工作提出了更高的要求。采用先进的轻基质容器育苗技术，保障品多质优种苗的供应，促进全省林业种苗产业的快速发展，不断满足生态林业建设对乡土阔叶树种日益增长的需要。

三、新型轻基质育苗技术简介

（一）新型轻基质育苗架设计原理

实践证明，苗木根系与容器密切相关，传统的容器材料主要为塑料袋、塑料杯等，新型育苗技术选择 PV 材料制作容器育苗架，育苗架不与地面接触，在育苗架与地面之间形成空气流通，利用空气切根技术限制主根生长，促进侧根发育，使根系在基质与育苗架壁之间形成发达的根系网，与基质形成根杯。本项技术已获得中国授权专利，苗木出圃时育苗架不用运输上山，可重复利用，无须使用营养袋，减少了环境污染。

（二）育苗架规格

新型轻基质育苗架包含以下 2 种规格：

(1) 38 孔育苗架：孔内直径 6.5 cm、高 10 cm，外观尺寸 50 cm×32 cm×19 cm。

(2) 15 孔育苗架：孔内直径 8.5 cm、高 11 cm，外观尺寸 50 cm×32 cm×19 cm。

（三）新型轻基质育苗根系培育效果

传统的育苗容器都是直接放在地面，与土壤接触，苗木容易穿根，培育的苗木主根发达，须根少，经常需要松根，人工成本高。新型容器育苗架，主体离地面

7 cm，下面开 2 cm 的排水孔和透气孔。不让苗木根系与土壤接触，利用空气修根技术，一旦根系长出到排水孔和透气孔，长出来的根系由于空气湿度低而自然干枯，达到空气修根的目的，促使孔内的根系形成更多的须根，反复修根后形成根杯。

（四）应用技术方法

（1）根据树种特性和培育时间选择不同规格的育苗架。

（2）配制好育苗基质（轻基质混合物）。

（3）育苗架摆放好后，把配制好的基质填装进育苗架，拨平并淋透水后即可以种苗。

（五）管护技术要求

（1）培育实生苗，待种子播种催芽长到 3~5 cm 后可移栽上架。组培芽苗可直接栽种在育苗架上。

（2）移苗后初期，在叶片少的情况下，基质水分容易蒸发，建议覆盖薄膜保温，1~2 个月后视芽苗的生长情况解开薄膜。同时安装自动喷淋系统，喷淋均匀，节省人工。

（3）芽苗移栽 15~20 天后可施水肥，浓度与传统育苗淋水肥一样。20~30 天喷施 1 次。基质中缺少微量元素，可喷施含铁、锌等微量元素的叶面肥。

（六）新型轻基质育苗技术特点

（1）基质装杯容易，不受天气影响，雨天也能进行。

（2）苗木不与地面接触，不需要松根，节省劳动力。

（3）根据树种生长特性与育苗要求，育苗架规格可大可小，且可重复利用。

（4）培育的苗木根系发达，造林成活率高。

（5）苗木重量轻，易搬运上山，减轻劳动负担和运输成本。

（6）环保，上山造林不用解袋，不会造成环境污染。

（七）新型育苗技术与传统育苗技术成本对比

不同育苗技术成本对比，详见表 1。

表1　不同育苗技术成本对比

项目	新型育苗技术	传统育苗技术
育苗容器成本	25元/个，15个穴孔，按可使用10年计算，每年0.16元/株	营养袋0.05元/个
基质成本	0.3元/株	0.05元/株
装袋	0.02元/株	0.1元/株
天气影响	不受天气影响	雨天无法装袋
松根	不用松根	每年松根2次，按松根3000株/人计算，每天100元人工，每株0.06元
长草情况	草很少，每株0.02元	每年拔草2次，按拔草6000株/人计算，每天100元人工费，每株0.04元
运输成本	轻75%，从苗圃场运至山脚造林，每车装5000株苗，成本400元，每株0.08元	重4倍，从苗圃场运至山脚造林，每车装2000株苗，成本400元，每株0.2元
上山造林	轻（每个工人80~110株/担），按每天种4担、每天150元计算，每株种植成本为0.37元	重（每个工人30~40株/担），按每天种4担、每天150元计算，每株种植成本为1.07元
种植	没有营养袋，对环境没有污染	要脱袋，对环境造成污染
根系情况	根系发达，须根多	主根明显，须根少
造林效果	成活率高	成活率低
育苗到种植成本	0.95元/株	1.57元/株